勤行旧事

——御厨世家传人拾零

王希富 著
中国烹饪杂志社 编

中国商业出版社

王希富，曾任原北京房地产职工大学校长、书记，教授，是享受国务院政府特殊津贴的专家。曾获全国劳动模范、全国五一劳动奖章、北京市劳动模范、首都劳动奖章、北京市优秀教师等荣誉称号。

在建筑教学研究领域，王希富获得了众多奖项和荣誉。由他独立完成的论文《大视野动态体视投影探讨》，获得原建设部学术成果奖、北京市技术进步奖；独立完成的学术专著《体视投影学》是世界体视投影理论第一部专著。他设计并主持建设了国内首座古建实训基地，被评为北京市教育教学成果二等奖。他还先后主持河北霸州和胜芳古建筑复原设计，主持涵珍园国际酒店全部改造、装修和室内家具陈设设计，主持富华斋饽饽铺、九城居、聚德楼等室内仿古装修设计。

对古建筑研究和教学工作倾尽毕生精力的王希富，同时对烹饪和饮食文化也有着浓厚的兴趣。这与他生于御厨世家耳濡目染密不可分。其外祖父陈光寿曾是清宫御厨，父亲王殿臣是民国时期致美楼的名厨，几个哥哥也皆为民国时期著名庄馆的名厨。他自幼与父兄学习宫廷庄馆烹饪厨艺，13岁就帮哥哥上灶炒菜，熟于刀工、火候、色香味形之烹饪经典。不仅精通烹饪，他更是对中国传统美食有溢于言表的“行家”记忆与味觉相吻合的综合处理能力。

民国晚期，其父王殿臣创办了“荣华富贵”厨师培训班。已步入退休生活的王希富发现北京传统饮食日渐式微，便继承了父亲的遗愿恢复了“荣华富贵”厨师培训班，带领徒弟传承古代宫廷、庄馆和北京传统饮食文化，培养了一批优秀的饮食行业人才。

作者简介

序言

希富先生与《勤行旧事》

王希富老先生的大作《勤行旧事》一书即将出版了，他让弟子送来清样，嘱我作序，实在令我惶恐。老先生今年已近鲐背之年，是我敬重的前辈，焉敢称序，这里只是读后的一点领悟与感想罢了。

王老先生是厨行世家，外祖父陈光寿家几代供职于清宫御膳房，父亲王殿臣也曾是京城“八大楼”之一致美楼的掌灶厨师，兼任致美斋南味点心指导。

说到致美斋，今人经常与致美楼混为一谈，其实是两家不同的京城老字号。都是开业于清代，而致美斋更以姑苏面点为号。真正的致美斋早在20世纪40年代初就已歇业，40年代末至50年代初重新开张过一段时间，不久也就消失了。余生也晚，没有赶上，因此不敢妄谈。而老致美斋的面点、菜肴我都是从已故文史学家刘桐良（叶秋）先生口中听到的。刘先生家世居于虎坊桥和珠市口附近，距离煤市街口内的致美斋很近，因此对致美斋经常光顾而非常了解。在刘先生的描述中，对那里的萝卜丝饼、焖炉烧饼和酥饺等，绘声绘色，让人听听都垂涎三尺。虽然称之为面点，但与京城那种卖满汉饽饽的点心铺则是完全不同的，都是在店里现做现吃，更接近南方的点心店，因此在京城生面别开。

王老先生从少年时代即就读于原北京建筑工程学校（现北京建筑大学），毕业后从事建筑科研和教学工作，直到他退休，都并未从事烹饪行业。他的专业地地道道是建筑科研，无论在教学、科研与设计等方面都做出了不凡的成绩，并有《体视投影学》《中国古建筑室内装修装饰与陈设》等颇具影响力的专著，兢兢业业，著述斐然，令人钦敬。

王老先生是老北京人，对古都北京有深厚的感情，尤其受到家庭的影响，一生对烹饪和饮食有着浓厚的兴趣，熟悉古都勤行的业态，也了解北京人的饮食习惯，更珍视那些几近失传的技艺。历经多年来不断钻研，形成了丰富而深厚的积累。曾有人对王老先生晚年以烹饪技艺著述、课徒、传承等提出质疑，多是对他不够了解。而这本《勤行旧事》所涉猎的京城饮食历史与文化，我想就是对这些疑惑的最好回答。

北京的饮食文化起源于辽金，形成于明清，发展于近代，繁荣于当代。受到多民族文化的影响，是城市经济繁荣的体现。《勤行旧事》一书虽非饮食行业历史的系统专著，但对于京城饮食的历史发展中一些业态、技艺、传承、习惯、人情和演变都做出了翔实的诠释。书中没有那些抄来抄去的耳食之言，也没有虚妄的不实之词。

严格地说，《勤行旧事》是一本关于饮食行业的笔记，但是完全可以为一个阶段的行业历史拾遗补阙。例如在“古都食界”中“我来说说‘满汉全席’”一文，对于所谓“满汉全席”的形成给予了实事求是的总结。“原汁原味庄馆菜”和“京城勤行的特色怪杰——冷庄子”则对于老饭庄子菜系的由来发展和兴衰始末言之不谬。在“厨人厨艺”中更是对许多从业人员都有生动的描述，令人怀念与感叹。在“失去的滋味”中则回忆了许多今天已经消失的食品类别和失传的技艺。

我比王老先生小十几岁，又不了解“勤行”，但是那些消失或几近消失的食物和当年的环境情景尚记忆犹新，感触颇多，非常怀念。也希望这些不仅仅存在大家的记忆中，而是通过这本笔记能再现于今天的餐饮市场。如在“烧燎白煮中的烧碟”一文中提到的那些“烧碟”，在我小时候还能吃到，而今天很多人不但没有见过，甚至连名字都没听说过。对像“烧紫盖”“炸卷肝”“烧鹿尾儿”“炸鹅脖”等这样一些过去老北京人耳熟能详的名目，如能恢复且再现于餐桌，也是非常期待的。

《勤行旧事》不仅仅是一本关于行业的笔记，我想应该是作为一本饮食文化历史来读的，这些记忆中的往事是对古都北京饮食文化的拾遗补阙，虽是零金碎玉，但完全可以视为北京饮食文化历史发展的雪泥鸿爪。

《勤行旧事》也体现了作者的一种情怀。老人不为名利，这些年来身体力行，传授厨艺，著书立说，所为者何？我想无非是一种责任感。而这种责任感完全出于对古都北京的情感，对行业的热爱，以及为文化传承继往开来的动力。

赵珩 

癸卯大暑于觳外书屋

自序

勤行是旧时“五子行”中之一行。“五子行”即是旧时对厨子、戏子、堂子、门子、老妈子的蔑视之称。“五子行”从事当时社会上认为地位低下的职业，服侍他人，含辛茹苦，尽受欺凌。

厨行有勤行之称，以劳力做事，以技艺侍人，之中又分为三六九等。以京城鲁菜行为例，按照买卖档次区分，首为专事皇家御膳的内务府御膳房，其次有最大的饭庄“八大堂”，再次有鲁菜“八大楼”“八大居”，这是饭馆，往下还有饭铺、饭摊等。勤行之人，身在不同的买卖，便有不同的身份待遇和生活状况。

若按照勤行内部职位区分，一般都分为“东”“伙”两家。说是“两家”，实为“两方”：东家是出钱开买卖的“本家”，伙家是被雇干活的厨行人员；东家确定了买卖的性质和经营类型，伙家按规定的方向经营买卖，做饭卖钱；实际上的经营操作全是伙家，东家只提出经营类型和档次。都是鲁菜，但是不同的庄馆、店铺，经营的档次和食客对象不同，就又有更细致的行规约定。

伙家实际上就是厨行按行规有序管理的组织，其中包括堂、柜、灶、案等部分，各就其位，各尽其职。

堂是堂口，大致和当今的前厅服务相似。但是，在大的庄馆，堂口除了传菜、报菜名、上菜、领位、改刀、分盘等这些桌面服务外，还有面点制作。这里所谓的面点制作，与一般庄馆的白案有区别，白案制作的多为面食，如面条、馒头、包子、饺子、花卷、蒸饼之类；堂口制作的为饽饽点心、饽饽桌子之类的炉食、茶食等，多至几十种。堂的部分，由堂头管理。

柜是俗称的“柜上”，是属于买卖的会计收支，由掌柜管理。

灶是“灶上”，就是做菜的部分，又分为冷荤和热炒两部分，是庄馆生意的主要技术部门和技术力量。灶上的主管是“头灶”，也称“掌灶”，是技术核心人物，其能力与水平决定着庄馆的总体技艺水平。灶上还分“了青”和“帮案”两部分，了青是处理所有菜品的原料加工；帮案是将加工之后的原料配置成有序的料盘待用，不用掌灶在下锅时二次挑选和搭配。

最末等便是打杂与学徒。打杂主要做杂事、非技术性的累活，如运煤、砸煤、挑货、运货。学徒虽然与技术沾边，但依然不是技术活，还是打下手，剥葱、剥蒜、砸烂姜，杀鸡、宰鸭、吊高汤，这是勤行中最苦的行当，挣钱也最少，挨打、挨骂，地位低下。

中国的勤行是一个苦行当，一个有名庄馆的头灶也成不了富翁，最多够吃够喝、养家糊口而已。清朝几百年，出现过多少优秀的厨师，但没有一位能在青史留名的。

以上是一个勤行庄馆的内部层次，分工、活计、职位、待遇、地位等苦乐轻重便各有不同。再说庄馆之间的层次与区别，也是档次不一。

最高档的便是内务府御膳房，给皇家做饭，京城的庄馆无法相比。内务府设尚膳监管辖皇家膳食，其下再设各局，如荤局、素局、点心局、饭局、包哈局，以上各局人数达几百人之多。御膳房还设有组织机构，如茶房、太监库房、收鲜处、买办处、档房，由内务府大臣所领；在宫内、宫外又另有园庭御膳房、行在御膳房、外御膳房等。各类御膳房官员待遇按官职俸禄，自然不低，皇帝宠爱的大厨可拿到七品俸禄；厨师与厨役，月例白银五六两而已，够在“八大楼”吃一顿便宴的。只是当时皇帝的御膳，几乎每顿都是摆设一样，空转一周，再回御膳房外卖处理。这一笔外快，便由厨师等人分红得赏。所谓“御膳房的厨师七品官”不假，与“八大楼”“八大堂”的待遇相比，自然也是个肥缺。

比御膳房低一档的便是“八大堂”饭庄，其东家多有背景，不是皇家就是侯门。皇家并非皇室，乃是皇室的依附人物，如有地位的太监、亲信等。侯门当然深似海，有一个人物出来，便可掌控一个买卖，如玩手中文玩一般随机应变。“八大楼”东家则多以具有资本和能力的商家为多，有的也有势力勾连，但经营却都是循规蹈矩，几乎不见霸市欺行者。

有了上述各类勤行机构和买卖，便有了形似宝塔的勤行世界。从食山珍海味鱼翅燕窝这些山海八珍，到进南海北藩的异果奇珍，再到龙盘京畿的头号鲁菜精品，大都在“八大堂”供奉皇亲国戚；至于“八大楼”，手艺精到，但食客多为文人墨客与巨贾大商；再下的店铺、饭馆、二荤铺、炸货屋子、盒子铺、熏鱼作坊，各为其客，各做其货，均有很大的差异，却都在都城的勤行忙碌无闲。这便是旧京的勤行概况，一个繁杂有序、高低错落的花花世界。

之所以如此念念不忘这个已经远去的往日，正是曾经亲历过它的繁荣与衰败，见证过多少苦难少年在学徒中经受的痛苦与艰辛，知道多少厨艺精湛、名震京城的掌灶，品尝过真正宫廷菜与鲁菜的精华、鼎盛时期的庄馆菜的滋味、二荤铺吃食的豁达与朴实无华。这个经历，是笔者从外祖父、父亲、舅舅、兄弟等不少于几十个从事京城御膳菜、庄馆菜乃至店铺、摊贩食品的家人亲属中所得。这些在勤行中锤炼出的炉火纯青的技艺，数以千计的优秀菜品，还有勤行的规矩与经营之道，都是我中华的珍贵财富。

可惜世事艰辛，这些积累了几百年的财富，在近代百多年的战乱、动荡中毁坏得面目皆非。最使人感叹的，是那些厨师、掌灶早已作古，带走了他们毕生勤奋修炼的技艺。如今所见的宫廷菜与鲁菜手艺，是劫后余生的点滴，有的已经变异不少。

民国时期，受徽班进京所办的京剧科班“富连成”的影响，勤行萌芽出了自己的科班——“荣华富贵班”，但在其班主家父王殿臣英年早逝之后，也偃旗息鼓，再无声息了。

随着改革开放以来国家经济的复苏，京城餐饮业再度兴旺发达，先是粤菜进京大显身手，继之川菜进京麻辣袭人，与之相对的则是“八大楼”遇到了经营困境。老一代“荣华富贵班”的厨师，“荣”字“华”字还健在，便与“富”字商研，如何将尚存的技艺传与后人。在他们有机会亲自设计了京城唯一一个典型的“饭庄”之后，开始了传统宫廷菜、鲁菜庄馆菜的学习与传授，十几年潜心低调运行，培养了一批优秀的庄馆菜厨师，开设了小范围的“满汉全席”一角、半席等典型传统宴席，开始实现早年勤行先辈的愿望与理想。

回忆勤行的旧事，意在介绍勤行的规矩与道德，揭示勤行的运行与销售，展示勤行的人才与技艺，使读者了解旧时勤行的艰难与苦楚，更使勤行这个为人们不甚了解的“明珠”在今朝放出其固有的异彩，是献给当今广大读者的一份来自烹饪界的厚礼。

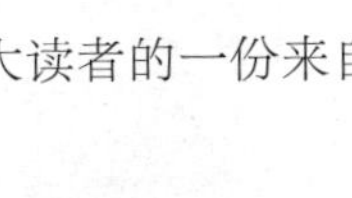

目录

古都食界

我来说说“满汉全席” 2
原汁原味庄馆菜 14
京城鲁菜的海味与河鲜 28
京城勤行的特色怪杰——冷庄子 35
“吃家伙” 45
鲁菜中的西法菜 55

旧事寻味

父亲的“富连成”之梦 62
名堂的逝去 71
苦海学徒巧作舟 78
折箩饭与伙友饭 87
一碗炒肝 93
饺子就酒 99
爆炒冰核 104
菜谱和药折子 110
勤行的朋友与行帮交结 118
师徒的技艺传承 127
厨房江湖的秘籍传说 133
勤行与艺人的交集 137
年夜饭和“说官话” 144
勤行的厨娘和女厨 149

上图为王希富先生与两位得意门生——甄建军（左一）、赵光有的合影；下图为在一次满汉全席宴会上，王老亲自分拆灌汤黄鱼，足见他对宴席的菜品、礼仪等谙熟于心。

失去的滋味

原汁原味老满菜 160
回味无穷二荤铺 166
白案、烘炉和满汉饽饽 170
五朝古都忆粥品 178
满式饽饽和奶茶铺 183
街头巷尾尽零食 187
京城小吃的果料 196
头蹄下水 203
俗食小吃入皇宫 210
烧燎白煮中的烧碟 218
宴席的节奏与俗菜 221
盒子菜与消逝的盒子铺 226
缤纷杂类煮饽饽 232
饭包菜与菜包饭 238
“素四供”和炸货屋子 243

厨人厨艺

外卖和包席 250
炸鹿尾儿和灌肠的变迁 257
酱起锅和“四大酱”旧事 264
“冻子活儿”和“焖子活儿” 271

后记 283

古都食界

我来说说“满汉全席”

满汉全席是清末民初京城“八大堂”之类大型庄馆为豪门大户或官宦、名人等举办的一种豪华宴席。其融合了宫廷菜、庄馆菜，在京城是以鲁菜为基础，集山珍海味、奇珍异兽等食材，汇满汉烹饪技法为一并，品类丰富，口味繁杂，故得此名。满汉全席多以寿宴为主，全席最多连续三天，每天分早茶宴、午宴（正席）和晚宴（灯晚儿）三宴，规模盛大，耗资万千。

此类宴席出现至今已近百年，宴席的烹饪技艺、礼仪文化，以及质量之精细、掌控之严格，仍可作为当今烹饪界宴席制作之范例。但因该类宴席取材自奇珍异兽、山珍海错，已不宜入馔；加之宴席菜品无端繁多，很浪费，在新时代早该寿终正寝。不过，在培训厨师的几十年中，我亲身体会了传统满汉全席菜品的质量之优秀、烹饪技法之丰富，应视为我国烹饪历史中的瑰宝。基于此，我们应以取其精华、去其糟粕的精神，厘清满汉全席的历史与文化，还其真实面目。

·从宫廷宴席说起

满汉全席在中国可谓人人皆知，但真正吃过早年满汉全席的人却难觅其踪。可如今烹饪界却出了不少“满汉全席大师”，有的说是曾经受业于“内府御膳房”或“皇宫大内”或某外省“皇家别院”，有的说是“祖传至今”，有的则是“大师传道”，等等。有关满汉全席的影视作品也是层出不穷，各种版本满目皆是，甚至内务府、御膳房为皇帝制作的宫廷宴席也被冠以“满汉全席”之称。如保和殿“蒙古外藩宴”、正月十六“廷臣宴”、乾清宫“千叟宴”，还有“九白宴”“万寿宴”“节令宴”等，明明是皇宫大内有专称的宴席，却也有了“满汉全席”之名。

被讹传为“满汉全席”的宫廷宴席中，有在千叟宴中罗列菜品百种的。其实，千叟宴一次赴宴要几千人，很难用几百种菜品招待。有人计算过，千叟宴是每四人一桌，如果一桌宴席上一百品菜，就要制作十万道以上的菜品，显然是天方夜谭。事实上，千叟宴只是一种火锅宴，每桌一等席面的菜品有：火锅两个，猪肉片、羊肉片各一盘，烧鹿尾儿、烧羊肉各一盘，荤菜四碗，蒸食一盘，炉食一盘，螺丝盒小菜两个，肉丝汤饭两碗，犹如当今的快餐。

还有的“专家”直接开出膳单，菜品五花八门，东西南北，麻辣苦咸，有的居然还有“腰果鸡丁”“慈禧小窝头”。远的不说，就是慈禧当政时期，御膳房怎敢用“慈禧”命名小窝头。一些菜品中龙凤皆有，如“凤凰趴窝”，就是一只被煮熟焖透的老母鸡装在食罐中，等待食者取之入口。这在当时可是犯了大忌的。在清朝，菜品名称可以很俗，如“大杂烩”“疙瘩汤”“炖吊子”等，都可以端给皇帝、太后享用，唯独不能拿“慈禧”“龙凤”之类的冠于菜品上充大个儿。

更有将历史上著名的大型宴席一概称为“满汉全席”的。满族人入关以前，不可能出现满汉全席。那时满族是居于白山黑水之间的游牧民族，饮食比历史悠久的汉族简单得多。查遍清代史料，也未见内务府御膳房为皇帝摆过什么“满汉全席”。满汉之菜同桌组成宴席确实不假，但没有以“满汉全席”冠名的宴席。宫里每种宴席均有定制和规矩，皆是皇家或当政者之所需，故有专用的宴席名称，由不得随意呼叫传言。至于在流传过程中，某位厨师、某位名人所说的满汉席或宴席中有满汉大菜之类，皆属闲谈，与大内宴席的官称并无关联。

还有传说把接待清宫官员的宴席一概称为“满汉全席”。如列举最多的“清代扬州满汉宴”，此乃乾隆下江南时扬州当地为皇帝随行的六司百官准备的大席。由于当地没有如此大型宴席场所，故将扬州买卖街前后的各大寺观临时改为厨房、餐厅，接待官员用膳。菜品自然和清代官式宴席所包含的满菜和汉菜类似，但是在皇帝面前绝不敢擅自称为“满汉全席”。那时乾隆在扬州有御膳房，属内务府管理，有专门的厨师，选料、制作、传膳、料理不是一般人可以随便插手的。而且，让皇帝和百官坐在寺院里一起吃“大锅饭”，实在太有想象力啦。

·满汉全席起源于“八大堂”

晚清时期，列强入侵，清王朝摇摇欲坠，但是皇家越发挥霍无度，每天御膳所余菜品百种以上，都赐给下人。这些人将皇帝所赐“圣菜”直接送到附近庄馆，如会贤堂等处，出售换得银两由御膳房和太监平分。亲王、郡王、贝勒、贝子和贵胄们乐得天天可以吃到御膳大餐。清王朝覆灭，御膳房解散。

此时的京城各大庄馆成了宴席的云集地，“八大堂”拔头筹，它们是东城的庆丰堂、天寿堂、福寿堂，西城的聚贤堂、同和堂，阜成门外的富庆堂，地安门外的庆和堂，什刹海的会贤堂。“八大堂”庭院宽阔，房屋高大，陈设高雅，带有戏台、戏楼，可以唱堂会，适合开办大型高档寿宴、婚宴、拜师宴、烧尾宴等。那些能在“八大堂”用膳的“爷”们，不仅不思进取，还想吃御膳珍馐。于是，“八大堂”便借此推出了可以解馋的大餐，号称“满汉全席”。由于“八大堂”的厨师都来自山东的黄县等胶州一带，而内务府御膳房的厨师也多出自此地，故宴席菜品可与宫廷宴席相媲美，规制虽然并不严格，却也约定俗成地发展成大众食客普遍认可的一种豪华宴席。

· 满汉全席之规制

满汉全席虽然并没有严格的规制，但作为高档宴席在业内却有约定俗成的惯例。勤行老人都说“四字定乾坤”，就是按照“满汉全席”这四个字定规制。

“满汉”是指宴席的菜品限于满菜和汉菜。满菜的代表特征有三点：一是有典型的满式烧烤，如烤猪、烤鸭、烤鹿方、烤哈尔巴子等；二是有满式饽饽桌子，当时认为，饽饽桌子是具有满式特征的大摆设，在宴席中成为“高摆”，可以从桌面一直摆到天棚；三是要有代表满式菜品的大菜，如燕窝、熊掌、犴鼻、飞龙、猴头、蛤士蟆等。汉菜则是以鲁菜为基础的山珍海味，上下八珍，伴有少量已入御膳房的知名南菜。

“全”是指所用原料和烹饪技法全面，包括滑熘、爆炒、清蒸、红焖、酱爆、醋烹、锅烧、干烧、干炸、糖醋、清炸、糟熘、油爆、清炖等。

“席”是指宴席，即有一定规模和规矩的饭菜，像四菜一汤、“猪八件”、“花九件”都不算宴席，属于便餐。

只要符合以上所述“四字规则”，便可以称为“满汉全席”。这是一种民间商业性的豪华宴席，与宫廷内务府御膳房为皇帝举办的御膳宴席完全不是一回事。据粗略统计，此类宴席的菜品一席至少要八十品至一百品。所谓“一百零八品”，代表一百单八将，无非是图个吉利，并不是什么神秘的规矩，菜品数字是多少要看宴席的规模与水平，主要由食客来确定。

·满汉全席的范例

民国时期，“八大堂”的满汉全席买卖很是兴旺。笔者的父亲、几位舅舅、两位哥哥等人在其中辗转多年，据大哥回忆，仅他们参加的知名宴席就至少有十几次。

其中有典型的晚清国戚所办满汉全席，如清肃亲王善耆之妹、蒙古喀喇沁亲王贡桑诺尔布原配福晋善坤四十整寿的宴席。这是在会贤堂举办的，席面为燕翅席带烧烤，全席有燕窝、鱼翅、银耳、海参及满菜烧猪、烧鸭等。当时清朝已覆灭，但声名显赫的清荣寿固伦公主亲自贺宴，自然引得满堂轰动。

民国二十五年（1936年），国民革命军第29军军长宋哲元在北京秦老胡同萧宅（现为涵珍园国际酒店）为当时天津市市长萧振瀛双亲举办寿庆堂会宴席，由北洋政府最后一届总理潘复主持，来客如云，车马喧腾，全市车行租赁一空。参加贺宴堂会者，既有多位政界名人，也有尚小云、谭富英、侯喜瑞、杨小楼、程砚秋等名伶大腕。

文艺界也有一些著名的盛宴，如民国十九年（1930年）八月初七京剧艺术家王瑶卿的五旬寿宴、民国二十六年（1937年）文博大家张伯驹在福全馆饭庄举办的赈灾义演宴等。

清末民初，京城有位“继八太太”，每年祝寿大摆筵宴，有“四到底”宴席另加“三献茶”，宴后另送每位宾客什锦食盒，内装各种馅料的包子，有鸡鸭口蘑丁馅、海参干贝玉兰片馅、黄鳝馅、青蛤馅、白花藕馅、茶叶馅等，十分讲究。

凡此各类，不胜枚举。

·满汉全席的匿迹与复兴

1937年，卢沟桥事变，京城沦陷，之后又历经战乱和多次社会变革，满汉全席在中国彻底消失。

改革开放给中国带来生机和活力，经济发展，人民的生活水平迅速提高，各大菜系兴旺发达，京城饮食也一派繁荣，唯独融合宫廷菜、庄馆菜、鲁菜精华的满汉全席渺无声息。只因时隔半个多世纪的空白，真正掌握此技的名师多已作古，极少熟于此行的师傅已至耄耋之年，也是有心无力了。

时至1976年，京城“八大堂”基本歇业，“八大楼”面目全非，有的关门歇业，有的转手卖给私人，留下的努力变革生存，但满汉全席算是拿不起来了。此时，我的大哥希荣、二哥希华尚健在，但是他们早无此心。大哥说，只有其老友马德明、王景春可以挑起大梁、恢复这门技艺。他与王景春见面闲谈数次，王景春终于在仿膳重操旧业。

1978年，为接待日本富士贸易株式会社访华代表团，北京仿膳饭庄制作了满汉全席。其中有进门点心：三道茶食、四手碟、四手鲜、四贵果、四糕品、四整鲜、四蜜碗、四素碟、四花拼，属于“四到底”的“席头”；八珍部分是上八珍、下八珍和八行件；满式菜品是红白烧烤八品，其中的烤猪、烤鸭、烤果子狸、烤哈尔巴子、烤鹿尾儿均属满菜；唯独没有满汉全席的饽饽桌子，代之的是四点心和一酸菜汤；之后有五福碗，五个“四到底”，结束于一个“蝎子碟”。总体来看，此宴尚是规矩的满汉全席，应属改革开放初期满汉全席再现的一个范例。

据大哥评议，之所以没有饽饽桌子，是因为清朝已经覆灭，吃满菜可以，不一定还要死守满式规矩，故将饽饽桌子改为散碟点心。至于“蝎子碟”，当年的宫廷菜、庄馆菜和满汉全席中均无此菜，可能是有一种“改革”的意思，鲁菜本地菜中是有“蝎子碟”的，但一般不会出现在满汉全席上。

王景春先生年纪与大哥相仿，学徒时他除了自家自教，也在父亲和其好友孙文吉处，与大哥相交甚密，只是1949年后不再同行。这类满汉全席确实已经有了可循的旧迹，而手艺和滋味无法认定。因为一个席面、一个掌灶可以掌控，但是手艺如果失传，不是一时半会儿可以恢复的。

大哥曾经说，恢复满汉全席规制可以比较快，只要有人在就可以把宴席规制好，但是滋味和水平不能“一蹴而就”。

·相知旧业，培养新人

满汉全席如今得以复原，不在于什么菜谱、多少道大菜、多少山珍海味，而是在于厨师的烹饪技术，在于培养可以制作当年菜品的厨师。优秀烹饪产品的制作人没了，技术、手艺也就没了。这也是我们研究和传承满汉全席与各类庄馆菜品所组成的高档宴席的根本。

民国时期，在致美楼多年的家父培养了一批徒弟。但是，他认为当时勤行的师徒相传有不少弊病，特别是有的师父摆谱，徒弟受气、挨打，所学无几，多年如同童工，尽被盘剥，使人难忍。当时戏曲界改革成立学校，开班培训学生成才，如侯喜瑞先生开办的“富连成”科班，父亲认为可以借鉴用于厨师的培养。于是筹人筹钱，买地、盖房，成立了“荣华富贵班”，培训烹饪厨师。但是，事未竟，人先去，留下我家“荣”“华”“富”“贵”兄弟四个徒有其名，壮志难成。

改革开放为中国开创了一个新局面。在大哥、二哥的指点下，一些烹饪界有志之士会同有见识的企业家、京城饮食名家、民俗大家后人等，设计了一家颇具中国传统风格的酒店，并以此为基地，恢复了“荣华富贵班”的教学，对热炒、冷荤、面点、烧烤、素席、茶酒、堂口等宴席所应具备的各个行当进行培训。从基础到专业，从普通菜品到豪华宴席，学员们学习了宫廷菜、庄馆菜、满汉全席等各类菜品达900余品，一些难度极大、年久失传的老菜，如大炒肉炖海参、灌汤黄鱼、冻鸭蛋咸肉熏肘子、炉肉晾坯子、攒丝锅烧鸡、芙蓉飞龙等，都请教了民国时期的老师傅。从原料到刀工、火候、制式、盘饰、摆桌，大家认真学习，力求复原当年的手艺；在堂口上，学习菜谱编排、菜名顺序、菜名节奏、上菜礼节、食客迎送；也与堂会配合，学习茶道，如茶食、三清茶历史及茶道全过程等。

“荣华富贵班”的复原过程困难重重，一无资金，二无场地，全凭不少朋友帮忙。师傅和有关人员的多年教学、实习和劳作基本是义务劳动，学生的学习也全靠自觉，但功夫不负有心人，不仅培养了一批达到国家级烹饪大师水平的掌灶厨师，还培养了一批掌握京城满汉饽饽铺制作的面点厨师，可为满汉全席提供原汁原味的饽饽桌子，并凭借面点手艺，开办了闻名京城内外的满汉饽饽铺富华斋。培养的满式烧烤厨师可以熟练掌握满汉全席中的满式烧烤，如烤猪、烤鸭、烤鹿方、烤哈尔巴子等。

“荣华富贵班”坚持了15年之久，先后在酒店开设了各类满汉全席或一角席和普通宴席几十桌，多位名人被邀请品鉴宴席。如戏曲名家梅葆玖先生、书法家爱新觉罗·启骧先生、国家一级编剧华而实先生、我国第一位国家礼宾官古今明先生、《舌尖上的中国》（第一季）总导演陈晓卿先生，以及其他一些国内知名人士、国外知名政要、国际友人等。其中不乏早年京城的知名食客或满汉全席的熟客，他们的品鉴和评议深切、内行，对我们恢复满汉全席给予了很高的评价。

原汁原味庄馆菜

京城勤行的菜品技艺，因其商号的档次而异。头等头筹依然是宫廷菜，皇帝的“家厨、家菜”的确不一般，人选自海北天南，菜选自湘、鲁、川、粤。选来选去，不少名菜类始终不得入位，许多名厨不得入灶，最后还是鲁菜打了“头牌”，满菜一字并肩，与精挑细选的南菜，合成了清宫的宫廷菜。

宫廷菜之外，便属京城的庄馆菜。京城的食客与南方不同，南方讲究家有“名厨”，自吃自做，随意随心，乃至也有主人下手持勺成为食界大家的。京城食客大多是“饭来张口”，也不太愿意家中厨事过于复杂，想吃得“像样”就去庄馆，张口就得。因此京城庄馆比比皆是，不必远行，溜达几步就能落座吃饭。即便是家庭小宴，也从熟悉的庄馆叫司务到家伺候。

王公府第、阔人宅门的宴请、宴席及红白喜事，更是庄馆承办。这些庄馆往往是各自伺候各自的熟客，一来可以维护关系，二来也可了解食客的口味偏爱。

“八大楼”是晚清到民国时期京城知名的鲁菜馆，菜品制作手艺规矩。在行里，没有哪个厨师敢懈怠混事，没有哪个厨师敢胡诌乱改，坏了厨行规矩。新来个掌灶，不但掌柜盯着瞧他的手艺，就连二火、了青、帮案、打杂、学徒的都得瞧瞧手艺如何，无论是刀工、勺工、翻炒、勾汁、打芡、装盘，每一个细节都不能出格。不然，就得立刻解围裙，走人。

庄馆菜必须分清“庄”和“馆”，二者虽均为鲁菜，也有等级差别。如“烩乌鱼钱”是庄子菜，“烩割雏儿”便是馆子菜。后来世事变迁，庄馆也分不太清了，如今回味，均是浮光掠影。今试举一二，以为回味老庄馆菜的原汁原味。

先说致美楼的“四做鱼”。那年月，京城因不靠河海，吃鱼不大方便，多从外庄调来。好在京城五方杂处，所需极广，鲜鱼依旧可以应时来到，除了有名的“金翅鲤鱼”，就连鲥鱼都可以随时上桌。因此，鱼还是很能上眼的菜，而将一条鱼做出四种不同的吃法，自然能得食客的青睐。所谓“四做”，是指红烧鱼头、酱汁尾段、糟熘鱼片和烩鱼胗。对于熟客，这四做还有变化，如有酱汁中段和糖醋鱼头等调样吃法。但无论怎样调样，四道菜必须做精，四做要四味，不能四做一味。

红烧鱼头自然是“烧鱼”之味，除烧料醇厚外，还必须有浓厚的鱼味，而糖醋是很抢口味的，即便用活鱼也是糖醋焦香先露头，然后出鱼之鲜味。鱼头要在油里炸酥、炸脆，糖醋红熘，酥香可口，堪称京城庄馆菜中一绝。糟熘则是有汁水的，自然要味厚汤浓，但又必须淡雅。至于酱汁鱼，要有浓厚的酱香大露头，到了肉里头再出鲜。烩鱼胗是清烩鲤鱼五脏，不但要收拾得极为干净利落、毫无邪味，还要汁明芡亮、淡雅香醇、酸辣适口，是宴席中解酒提神的妙品。这些口味的变化和层次很讲究，不然就成了“大杂烩”，手艺很重要，一般的馆子很难做到如此细致入微的。

致美楼的“烩两鸡丝”也是当时的名菜，是道汁水菜，一碗之内变化口味确实很难。鸡丝是熟鸡丝和熏鸡丝各一份，加工后入汤，摆成花心和花瓣，漂在清澈明亮的汤上，配撒碧绿的香菜末，口味清香滋润，既有鲜鸡丝的醇厚，又有熏鸡丝的浓香。

有的庄馆菜品与地理位置有关，如会贤堂临近什刹海，拿手的便是河鲜菜。尤其到了盛夏，其冷荤水晶虾很受食客捧场，几乎没有不点此道菜的。虾取材于什刹海里的鲜河虾，制作结冻的汤不用鸡汤和肉皮，讲究用全虾熬制，也可配部分鱼鳞起胶结冻，味道十分鲜美。会贤堂的“冰碗”也十分有名，果藕、莲子、菱角、鸡头米就地取材，必然要鲜嫩的，就连核桃仁也必是鲜嫩清脆，择去皮杂，脱落得洁白如玉，小果碗下衬鲜荷叶，打入熟水，冰镇，真是人间仙品。

虽然都是鲁菜庄馆，但是厨行的行帮也有区别。如在京城经营多年的“胶州帮”，实际上已经成了带有京城特点的“鲁菜帮”，就是京帮胶东菜，与鲁菜的“济南帮”区别也很大。京城本地的厨师基本没有成帮的，便从学徒就入了“山东帮”。

济南菜讲究清鲜爽口、风味浓重，注重爆、炒、烧、炸、烤、氽，鲁菜的爆双脆、爆鸡丁即为此类，以善做鸡鸭鱼菜见长，似又有南菜之味，除了普通的座底菜，如炸胗儿、糟鸭头、抓炒、软炸外，更擅大菜，如燕菜、鱼翅等，但总的风味依旧是鲁菜，绝不会南北不分、口味杂乱。丰泽园、泰丰楼等便属于济南菜。

京帮胶东菜则大受宫廷青睐，制作讲究，排场华丽，刀工精细，口味清爽脆嫩，擅制海鲜、海货类，如糟熘鱼片、葱烧海参、熘虾仁、煎烹大虾、芙蓉干贝等。“胶州帮”占据“八大楼”之多数，一般所知的抓炒、软炸多出自此类庄馆。

“八大楼”几乎都有海参菜，北京东安市场内的海丰楼、润明楼的海参，笔者最知其味。海参的发制就很费手。那时没有电冰箱，发制好的海参放在盆内，上覆冰块镇之，那海参便越发越大，且有极好弹性与柔软度。葱要使山东章丘大葱。此葱鲜甜嫩挺，下锅炸透，不但葱油味浓郁，且金黄色的葱段保持原状，入口鲜美，在济南菜中是绝不可少的。葱烧海参是勾立芡的菜，口味极浓，必使“小汤子”——将高汤浓制，不用长时间收汁打芡，汤就已经裹在主料上，吃起来浓重醇厚。时过境迁，真正吃过老庄馆鲁菜的人并不多了。

在京城出名的庄馆，菜品的原汁原味是其能够立于勤行长盛不衰的基础。一个厨师入行的第一天就必须明白，手艺做不到原汁原味，在庄馆绝无立足之地。鲁菜庄馆菜至今依然保留部分原汁原味的真品，实在应该感谢那些锲而不舍的耕耘者，经历了百转千回，使部分历史的“原件”岿然独存，实属不易。这是他们珍惜祖上遗产，不断坚持和“较真”的结果。

·“八大楼”能工巧匠

“八大楼”在京城庄馆中名气不小，名厨、名菜、名人食客均值得一提。正阳楼、万德楼、悦宾楼、庆云楼、会元楼、新丰楼、萃华楼、安福楼、鸿兴楼、春华楼、海丰楼、润明楼、同福楼，又何止八家。

家父王殿臣、大舅陈明、九舅陈喜、大哥希荣、二哥希华等人皆在“八大楼”之致美楼、润明楼、海丰楼、同福楼等处学徒、做事，如掌灶、帮案、了青、白案、堂头等，他们的师徒、结拜兄弟、师兄弟、亲朋好友也有不少分布在“八大楼”各家。我深知“八大楼”的买卖、手艺、菜品不比寻常。

庆云楼

庆云楼是京城最早的高端鲁菜酒楼，始建于清道光元年（1821年），坐落于烟袋斜街银锭观山一侧，临近多个王府。这些王府的王爷如瑞亲王、恭亲王、庆亲王、定国公、武定侯皆是此楼常客。菜品有三不粘、醋椒鱼、葱烧海参、醋熘鱼片、香酥鸡、九转大肠、芙蓉鸡片、糖醋鲤鱼等，都是典型的鲁菜。外祖父家住烟袋斜街，经常在歇工时去庆云楼找老友聊天喝茶，还顺手帮闲做几个菜。

东兴楼

东兴楼是京城最有名气的鲁菜饭馆，开业于光绪二十八年（1902年），东家是山东荣成人，由李莲英领东，勤行常说它与慈禧的近侍梳头刘有干系。东兴楼早年为晨起上朝的大臣在宫外筹备早膳，大臣们常落轿后在此家吃点饭搪口解饿，避免误了早朝。东兴楼的不少典型鲁菜具有宫廷菜和“八大堂”的风味，颇受官员们青睐。如糟烩鸭条鸭腰，其中鸭条和鸭腰均选上品，所用的香糟则是自己吊糟，没有任何香辛料提香，绝不用商家供应的料酒。这样的鸭菜与宫廷做法极为相似，吃过宫廷菜的老食客尤其爱吃。

“登莱三英”

民国后期，京城又开了泰丰楼和新丰楼，与后来的丰泽园皆属鲁菜，统称为“登莱三英”。

泰丰楼除了做老鲁菜和类似“八大堂”的菜品，还有一定创新。如鸳鸯羹，将羹菜制成一个太极图案，一侧是鸡茸火腿，另一侧是豆泥菠菜，一边粉红，另一边翠绿，很是引人入胜，属“得吃得看”的新类菜品。

新丰楼也有拿手菜，如锅塌比目鱼。将比目鱼净肉切成长方片，拍松，用盐、胡椒粉、绍酒腌渍，拍干淀粉，拖蛋液，入热油中炸至金黄色，捞出备用；锅留底油，投葱姜丝炝锅，烹绍酒，添鸡汤，调入盐、白糖、味精、香醋，放入鱼片，用小火煨透，待锅中的汤汁将干，淋少许香油、葱油，出锅即可。此菜口味浓厚醇香，是食客常点的火候菜。

丰泽园于1930年由山东福山浒口村人栾学堂创办。厨师和堂口均与新丰楼关联有序，但是丰泽园鲁菜具有济阳菜风格，其汤汁菜极有名气。鲁菜中的常见菜品如九转大肠、干烧黄鱼、葱烧海参、干炸丸子等，做法与“八大楼”无异。

致美楼

致美楼开业于明末清初，原是姑苏风味，名噪一时，特别是白案的姑苏糕点，京城不二，家父所制“翻毛月饼”几乎家喻户晓。后有乾隆御厨加入，致美楼飞黄腾达，有“集南北烹调之表，汇御膳民食之粹”的美誉。

到了清末民初，致美楼扩大经营，将煤市街路西一处二层楼买下，店铺已经有了相当的规模，一宅两院，两层罩楼，青砖灰瓦，碧扇朱门，门庭高悬致美楼牌匾，开辟了单间雅座。单间里陈列着名人字画、名瓷雅玩，显现出其精美高雅的品位，俨然一座鲁菜名楼。

致美楼的名菜极具特色，如四做鱼、云片熊掌、三丝鱼翅、烩两鸡丝等。致美楼的点心很出名，除翻毛月饼，还有红白月饼和提浆月饼，焖炉烧饼和萝卜丝饼也极具特色。因为其早年源于姑苏，故饽饽有南

今日的致美楼饭庄，图为北京前门店（摄影/张洋）

味的细腻。提浆月饼的制法如今早已绝迹，仿制者大都按广东月饼制皮。其实提浆工序极为复杂，用料多、速度慢，需将低筋面粉加水拌匀、沉淀取浆，再将所提浆液沉淀发酵，然后兑制面皮、制饼。其口感柔韧筋道，吃起来则细腻有加。

致美楼鼎盛时期，员工达到100多人。皇亲国戚、民国政要、戏曲名流、文人墨客都是这里的饭座。

润明楼

润明楼坐落于东安市场，在当时的吉祥园东侧，早年是个“冷庄子”，后来开了门市，逐渐形成酒楼。其经营特色是“明厨亮灶”，食客不但可以观看厨师的操作，还可以在前厅直接点菜。那时大哥希荣就在亮灶，能摆出几十种酒菜，其中鸡丝拉皮独具特色。鸡丝不去皮，刀工极细；拉皮不用进货，大哥自己旋粉皮，拉薄剁窄，加鸡丝，浇小料，为京城一绝。润明楼吃面有卤面和炸酱面，打卤不澥，炸酱不出油，在“八大楼”也是一绝。

其实“八大楼”不止八家，有多家之意，不再一一赘述。

·“八大居”诗画满墙

除了“楼”字号买卖的鲁菜馆子，还有其他鲁菜饭馆星罗棋布于京城各处，如“居”字号饭馆。

“八大居”有前门外的福兴居、万兴居、同兴居、东兴居，大栅栏的万福居，菜市口北半截胡同的广和居，西四的同和居，西单的砂锅居。“居”字号饭馆与“堂”字号的区别是只办宴席不办堂会。有人说“居”字号南方食客偏多，对京城戏剧曲艺多有不解，其实并非如此，因为居字号多是没有戏楼，地界相对狭窄，确是因常接南方食客，菜品大致是南北融合。

广和居

广和居坐落在宣武门外菜市口北半截胡同南口路东，是一套大四合院，但格局狭长，临街只有三间门面，还有半间是门洞，如俗话所说，俨然一个“奶茶铺——长条儿”。其临街的房子多卖散座，院内正房、厢房分成各类包间，可以接待多人聚餐和正式宴会。

广和居创建于清道光十一年(1831 年)，原名盛隆轩，历经道光、咸丰、同治、光绪和宣统五朝，至民国二十年(1931 年)歇业。其所处的地段比较偏僻，早年生意很难兴隆。同治中兴时期，广和居的生意兴盛起来，更招徕了诸多宣南士大夫和政界名流，如清

在广和居饭局中，夏孙桐吟诗："阅世清帘漾冷坊，名流几辈醉垆旁。东洲诗老留佳话，酒债诸孙尚未偿。"东洲诗老即何子贞。此笔筒为家父至广和居饭局所得纪念。

广和居曾是当时社会名流经常光顾的餐馆，现已不复存在。

末诗人、书法家何绍基，清史馆总纂夏孙桐，两代帝师翁同龢，晚清名臣李鸿章、曾国藩、张之洞，还有谭嗣同、潘炳年等，故广和居的政治饭局名震京城。夏孙桐写过关于广和居的《感旧诗》，其中一首曰：“阅世清帘漾冷坊，名流几辈醉垆旁。东洲诗老留佳话，酒债诸孙尚未偿。”文人书画满墙也是广和居的一大特色。

广和居的鲁菜得到南北食客的赏识，在菜品上也适应南方食客的口味，如糖蒸山药、珧柱肚块、清蒸白菜、江家豆腐、韩家肘子、潘氏清蒸鱼、清蒸干贝、南炒腰花等，驰名京城。有人说广和居纯属南菜，其实不然，其鲁菜依然出色，之所以有南炒腰花，正是北菜的标记，一如鲁菜的南煎丸子。广和居后来与同和居合并，其厨师上手就做出地道鲁菜，绝无含糊，也是例证。

同和居

同和居位于西四大街，创建于清道光二年（1822年），店名取“同怀和悦”之意。初时，同和居只经营家常菜。民国初年，掌柜牟文卿请曾在御膳房供职的袁祥福帮厨，传授部分宫廷菜，使同和居有了名气。

广和居停业后，其大部分厨师来到同和居，这里生意日渐兴隆，位居老北京城著名的“八大居”之首。

那时同和居的后院有一排后罩楼，内设雅座，从小楼上可观阜成门大街。慈禧每到颐和园避暑，必经此街，同和居后罩楼的雅座也必被预订一空。

同和居经营正宗鲁菜，如葱烧海参、九转大肠、干炸丸子等，其招牌菜是三不粘。此菜本是巧用厨余之物鸡蛋黄，宫廷菜中并无所见。其选用鸡蛋黄、白糖、淀粉和熟猪油，分层次下锅翻炒而成，成菜后不粘筷子、不粘碟子、不粘牙，很受食客欢迎，成为同和居的特色菜。当时不少饭铺如海丰楼、润明楼、致美楼也都有此菜。

京城饭菜一派“鲁”，但并非鱼龙混杂，而是自上而下层次分明，各在其位，各站其队，各设其宴，各尝其味。

正是：

宫廷菜金玉满堂，八大堂锦绣铺装。

八大楼神工巧匠，八大居诗画满墙。

二荤铺街头小巷，冷庄子自立棚房。

山东菜龙盘京师，福山帮虎踞北方。

京城鲁菜的海味与河鲜

为什么当时京城的御膳菜品和“八大堂”“八大楼”的庄馆菜多讲海味而少讲海鲜，却又有各类丰富的河鲜在菜品中出现?

· 鲁菜中的海味

战国时期，鲁国的菜品便崭露头角，魏晋之后，鲁菜发展较快，元、明、清时期进入宫廷，尤其是明清两代的宫廷菜皆以其为主体。鲁菜也是京城菜系的魁首，直到今天，京城人依然对其情有独钟。

京城鲁菜厨师大致分为两个帮派，即“胶州帮”和“济阳帮”，发源地分别是山东的胶州和济阳县。

但现代鲁菜一般被分为济南菜、胶东菜和孔府菜三大流派。济南菜涵盖济南、德州和泰安，胶东菜涵盖福山（现为烟台市福山区）、青岛、烟台和威海。

胶州和黄县是孕育鲁菜厨师、技艺的渊源之地，因均是临海，故该处之厨师擅做海鲜。但到了京城，鲁菜便失去海鲜的特色，尤其是早年的运输能力和手段，不可能将生猛活物从山东沿海运到京城。因此，无论是宫廷菜，还是“八大堂”“八大楼”，早年皆不以海鲜为主，而是以海味为主。海味指的是干品海货，京城知名的海货店有各样海味供应，如鱼干、鱼翅、鱼唇、鱼肚、海参、鲍鱼、海蛎、海米、银鱼、珧柱等，但没有海产活鱼、活虾。京城也几乎没有海鲜活物店铺或市场。通三益干果海味店、晋阳干果海味店、西四牌楼隆景和干果海味店、新茂长干果海味店等都是当年京城有名的海货店，其海货供应给宫廷和各大庄馆。

海味是当时菜品的翘楚，宫廷上下和京城内外的食客都吃海味，少吃海鲜，有俗话说“借钱吃海货，不算不会过”。

· 海鲜与海味

如今，各类运输通畅，冷链技术日趋成熟，海鲜成了时髦者追捧的美食，海味是“吃不着鲜，才吃干”，便有人说：“阔吃海鲜穷撸串儿，两样都吃是大腕儿。”

其实，海鲜与海味在勤行中并不分高低，海味在鲁菜悠久的历史中也占据相当重要的地位。特别是鲁菜进入宫廷之后，由于京城的地理位置所限，皇家皆吃海味而绝少吃海鲜，越发使海味在传统宴席中独占鳌头。所谓“下八珍”“海八珍”，多是指海味，这就使宫廷菜和庄馆菜中的海味和山珍成了宴席的“大菜”，或称“大件”。御膳房的厨师在大菜中独显手艺的精纯与熟练。

清宫菜重海味，不仅是历史条件所限，也有饮食习惯使然。满族人世代吃的是牲畜牛羊、山珍野味，与海鲜相聚恨晚。那时，皇家对活的海产还有不少顾虑，不少鱼类有剧毒，不少水生活物也有毒性，或有蠹虫之害。在康熙膳食中几乎没有海鲜、河鲜产品，到了光绪年间，皇家才开始喜食海味，但也极少有海鲜出现。除此之外，被严加防范的还有南菜中的猫、狗、蛇、虫之类，这些也被列为“蛮菜”，不得进入御膳。

宫廷菜中的海味菜，有大炒肉炖海参、葱烧海参、海红鱼翅、蟹黄扒鱼唇、酸辣鱼肚、烩乌鱼蛋、鸡丝翅子等。海味在御膳和高档烹饪中既然久居魁首，其技术发展必然也相当成熟。海味来自海鲜，但从海鲜到海味却历经了勤行多年的琢磨与钻研。海鲜通过多重物理、化学、生物学的变化，成为海味，其间去掉不少“邪气”与腥臊，剔除了虫害与毒害，通过晒制、烤制、熏制、发酵等复杂的制作过程，其营养、口味等均有质的变化，商业价值和食用价值也随之提高。就如同南方的火腿和北方的清酱肉，一条猪后腿，通过“腌七酱八三月挂”，变成清酱肉，不但去掉了猪肉的油腻感，而且口味变得清香、爽口，色泽也是红白相间，秀色宜人。一盘“清酱肉炒蒿子秆”比一盘“肉丝炒蒿子秆”更加香气袭人，品位增进。

改革大潮初起，京城餐饮界一时间被南菜淹没，烹饪界满目海鲜光彩。更有不少“笔者”将海鲜供奉到宫廷菜的头菜之中，大加宣讲当年的皇家是如何对海鲜喜爱至极，这不但影响了食客，还误导了不少鲁菜厨师，也跟着粤菜一味地往海鲜里钻营和努力。

那时，我正在为一个酒店筹建和培养人才，老板是我的老友，请了不少粤菜大佬做主厨，但厨师长换得如走马灯，依然比不了京城那些粤菜大家。后来我说，一旦你们知道真正的鲁菜和宫廷菜，可能先抢着吃的不是海鲜而是海味。如葱烧海参便可能成为大家学习宴席的入门之菜。果不其然，没过几年，我所培训的厨师班子做出了精致的鲁菜庄馆菜，老板吃到了真正是味的葱烧海参，而随着他的宴请，也“培训”出不少爱吃鲁菜的亲朋好友。

· 庄馆鲁菜的河鲜

北京以西有拒马河，以东则有潮白河，河道畅通，加之明清两代改善京城水系，引水进京，故此首善之都的河鲜历来极其丰富。

河鲜是指河流之中的活鲜产物，如鱼、虾、蟹之类。明朝时，京城不但有自产河鲜，还有从南方运来的各类水产，但并非海鲜，常见者为蛙、蟹、鳗、虾、螺、蚌、田鸡之类。到了清朝，与海味并举的河鲜在京城各大庄馆已经名噪一时。不过宫廷菜和讲究的庄馆菜对河鲜异常挑剔，如市面上所售的河螺、蚌、龟、田鸡等类，是不做、不吃的。其中既有饮食习惯所限，也有风俗、文化等多方面的影响。如龟鳖类，在御膳房和庄馆看来，这些生灵生年久远，性情温和，具有高级灵性，食之属于杀生害命；再如螺、蚌类具有甲壳的软体动物，认为其不洁而不食；田鸡为蛙类，多知其有益于人，故不忍食之。所以，京城庄馆菜中的河鲜依旧是鱼、虾、蟹类。

庄馆善做鱼菜，如红烧、清蒸、糖醋、干烧、烤炖、滑熘、糟熘等，皆能滋味鲜香、口感细嫩。如致美楼的“四做鱼”，便是以活鲤鱼制作。此外，还有抓炒鱼、酱汁鱼、瓦块鱼等，不一而足。

由于虾比鱼又上一等，更属于细菜。庄馆中按鲁菜烹饪方法，以油焖者为多，因为此法先炸后焖，使用作料多、火候透，口味浓重，十分下酒下饭。在宫廷菜中，既有大虾大菜，也有小虾小菜，均很有名气。如老满菜中的小虾米油渣炒菠菜、小虾米油渣炒韭菜，在御膳菜单中极为常见，虽是俗菜，但能下酒下饭，为满汉全席中的座底名菜。

·胜芳小螃蟹

吃蟹讲究“七尖八团”，即农历七月尖脐螃蟹上市、农历八月团脐螃蟹上市。此时，京城讲究的吃蟹馆子便都去胜芳采购活螃蟹，喂养几天，吐去杂物，去掉异味，捆绑上屉蒸食，是一美味无疑。

胜芳地处京南，如今属河北霸州管辖，因其早年水系发达，乾隆下江南路过此地，为景致所感，题有“胜水荷香，万古流芳”之词，故得“胜芳”之称。再说这京城之水乃是经西山脚下拒马河，过卢沟桥向南过胜芳中亭河，再至白洋淀东去天津入海河。可知胜芳所产之蟹，生活在河与海之间，每到季节，母蟹游到海边产卵、孵化，小螃蟹便游回胜芳中亭河成长发育，此类螃蟹通称“胜芳小螃蟹”。其虽个小，但蟹黄却极为饱满，味道也极鲜美，早年是专供皇家的御膳之材。御膳中的海红扒鱼翅，便是将胜芳小螃蟹之蟹黄加大油煸炒，炒至呈红色，如油如膏，放在高汤煨透之鱼翅中，极为鲜美，此菜如使用其他蟹黄会大为失色。此外，还有蟹黄烧鱼肚、蟹黄烧鱼唇、蟹黄烧海杂等，都是海味菜中的大菜，在宫廷御膳中都使用胜芳小螃蟹的蟹黄。

“八大楼”和“八大堂”后来也用胜芳小螃蟹。特别是正阳楼的螃蟹颇为出名，因其不但专用胜芳小螃蟹，且蟹的做法多样，食客吃蟹必使专用工具，令食蟹这种繁杂费手的事情变得更专业化。

由于蟹的珍贵和上市时间短，平时吃蟹实在不易，于是鲁菜厨师便以鱼肉为主，巧用辅料和调料做出“赛螃蟹”——模仿使用活蟹制作的“熘蟹肉”，平常中见精彩，故称“赛螃蟹”。不少鲁菜庄馆都有各具特色的“赛螃蟹”，大哥希荣所授予我的应是最复杂且口味极像蟹肉的做法：将黄花鱼蒸透，拆出细肉；钳子米加水，泡开，其水入鱼肉中再蒸入味；钳子米斩细粒，蘸鸭蛋黄打匀后翻炒；鸡蛋清炒成碎片；锅入底油，姜米起锅，下以上各物料翻炒，对入海米水和鱼汤，勾团粉米汤芡，出锅装碗，撒姜米和米醋适量，即为“赛螃蟹”。食之，与熘蟹肉极似。

京城勤行的特色怪杰——冷庄子

空手道一无所有，六大行呼之即来。

在京城高低不等、错落有序的庄馆铺面中，有一种号称“饭庄”的买卖，曾经在勤行独树一帜，如今却踪迹难寻，这便是当时很有名气的“冷庄子”。

之所以得此名，是因冷庄子的经营方式特殊——“无活不起灶”。其分为两类，一类是比较完善的冷庄子，有地点，有门面，有院落，有大堂和雅座。冷庄子不是每天都有食客或买卖，无宴席，无食客，不开灶；有宴席，有食客，开灶。开灶也得是值得一开，没有零点和散座，宴席必须事先预订，不然庄子里是清锅冷灶的“空城计”。

另一类比较简单，这类庄子有的只有门面房，内有平房几间用以办公接待，门面挂牌，书写“某某堂”，即为字号；再小的只有街门之上挂牌“某某堂”,或挂“某某堂某”，后字为姓；也有写“厨行某某寓”。这就是典型的口子攒冷庄子，在京城以这类冷庄子居多。

旧时京城居民办红白喜事，都愿意在自家之中办理，婚嫁讲究“坐着出街门，坐着进街门”，丧事讲究“体体面面出去”。人们把在家中办事看得很重，不然，就觉得对不起新人、对不起故人。且红白喜事往往都是亲朋交际的繁杂时刻，本家更不愿意离开自家跑到饭庄子去接待，除了有的大庄馆可以在外办理宴席，一般都交由冷庄子办理。

冷庄子规模可大可小，应活类型各不相同，喜宴、丧宴、寿宴、烧尾宴等均可，或在家中，或在庙里。少者一两桌可应；多者几十桌，甚至上百桌、上千桌，冷庄子都敢应。作为一种组合式买卖，冷庄子可以攒起极大的规模群体组合办事，尤其是口子攒冷庄子，是多种组织松散联合的机制，招之即来，完事即散，可以减少平时的各种负担和消耗，但应承办事的规模却是无与伦比。

一般来说，冷庄子的承头人是在家中恭候买卖，且还不是本家亲自来洽谈，那显得生分，多是其另托他人关系请见承头人，表示“不是买卖，彼此都是朋友，有交情办事更和谐”。因此，一般在本家办事中，这类厨行承头人也像朋友一样出份子。

·一个“甩手掌柜的”

与口子攒搭配的若干买卖，合成了一个完整的宴席，而承揽宴席的庄子，其实是一个“甩手掌柜的”。何出此言？各位细听。

第一是找厨师。承头人的主要事项是找厨师和做宴席菜品。冷庄子本来就不富裕，平时不能白养着一帮厨师，所以冷庄子的厨师是“招之即来，完事即散”的口子攒厨帮。这些厨师平时在家赋闲，也可以做点小买卖，打个零工，补贴家用，但每天必须在口子听用，俗称“跑大棚的”。口子就是某一厨帮的集聚处，或是某路口、某空场，冬天则多是在大茶馆内。厨师在这里边喝茶边等承头人给活，一般各口子的厨师不得串行。普通口子不变地点，以便于集聚，且可以创出名声，如下斜街口子、兵部洼口子等。有的口子还有特色业务，如兵部洼白肉口子，是做白肉锅子或白肉小烧的口子。口子厨师成了在承头人领导下的一个松散集体，方便准时有人按规矩干活。用户本家每天为口子厨师准备早餐饭食，无非是烧饼、油条管饱。

口子也分两类，即清真口、汉民口。清真口子比较分散，大致有牛街口、朝外口、德胜门口等回民居住比较集中之处；汉民分东西两个口，东口在崇文门，西口在宣武门。这也可以看出，吃口子宴席的多是外城住户，内城早年以官宦大户居多，基本与口子无缘。

正式厨师在厨行是有行规的，口子也有规矩——口子之外的人员不能在口子之内谋事做。但是冷庄子买卖时大时小，每天并无定规，遇到大活，必然缺少做零活的伙计——统称“小工”。小工干力气活没什么技术，因此也没有“攒儿”。也有“临时攒儿”的，多是街头、路口。这类伙计在勤行中使用得很少，一般在修缮、盖房的土木工程中出现。

第二是找棚匠。本家办事不在庄馆而是在家中，另有方便之处——家中男女老少不必外出应酬，毕竟家中方便舒适，特别是老人和孩子不显劳累，和亲朋相聚也显得亲近到家。但是多数本家没有可以摆宴席的厅堂，只有院落，需要在院落搭棚以便如室内设宴，一是可避风雨，二是落座也显得雅致。

搭棚自有棚铺应承。京城各处专有各类棚铺，可以搭各类天棚，如彩棚、凉棚，起脊的殿式棚、歇山重檐棚平地起棚，不挖坑，不上戗，搭起来方正、规矩，外有彩画，内有天花，绝对一个宫殿大堂。早年京城有名的棚铺如天顺席布棚铺，可将一个露天的四合院转眼就变成龙飞凤舞的殿堂。

第三是搭炉灶。偌大的宴席，蒸炸烧烤必用炉灶，本家一般没有，承头人则有自己的路数，要么是伙计中必有其亲朋或徒弟有搭灶的手艺，要么另找专人盘灶。搭灶是在本家院中搭砌，由本家准备整砖、碎砖和黄土即可。一般是平地起灶，先搭火池，再分成不同的灶眼，如炒灶、汤灶、蒸灶等。材料虽然简单，甚至有的不用炉条，用碎砖搭出空隙走火、走烟，但灶火绝对好使。笔者曾用此类高灶炒菜，火苗高低自如。

有的冷庄子专门搭配专业炉灶行搭灶，一般是灶眼多、要求高的宴席。京城专业炉灶以前在修缮业，笔者早年在修缮行业做修缮设计、院落改造时常与此行打交道。最知名的当数炉灶曹，其祖上就为清宫内务府盘灶，手艺精到，所盘炉灶火旺、烟少，特别是搪灶使用的青灰多为八宝山青灰，火旺好使。

第四是租“家伙座”。“家伙座”包括家具和餐具，有专门的店铺统称为“家具铺”，餐具如杯、盘、碟、碗、盆、壶、盅、勺、筷、锅之类皆有备之，各类家具如餐桌、餐椅、接手桌等，可租用一两桌，也可成百上千桌，用时租来，用毕归还。如旧鼓楼大街南口的永兴郭记、北闹市口的庚余堂，都是当时很有名的家具铺。喜事所用桌椅，多为红漆金线；白事则用黑漆金线或榆木擦漆，也有用榆木擦漆磨退的，便是比较讲究了。还有硬木家具，如草花梨、菠萝格的，为数很少。这些家具摆放厅堂，显然很有气势。

第五是茶房。茶房通称茶行，与厨行合称“两行”。茶房所用数量不多，但是在宴席中很重要，可以说是宴席的“灵魂”。因为整个宴席由茶房引导和安排，“赞礼”也由茶房喊堂说“赞词”。

具体来说，先是宴席大堂布置。茶房进棚先调配桌椅，系围桌，安凳套、椅垫，安置火炉、水壶，扎彩绸，挂幛子、对联或挽联，冲洗茶具、桌面，沏茶卤，摆茶碗；宾客到来后，接礼品、联幛，安排男女宾客分别落座。

客人落座后，茶房代本家说“谢词”有按新礼司仪，“某某先生宴请某某大人某某宴，吉时已到，请各位落座上茶”，此时，上落座茶。讲究的宴席，茶房要在上菜之前报菜名："各位入席吉祥，今天满汉全席，上菜一百零八道。有主题立摆、特色花拼、饽饽桌子；有满汉饽饽四十八品、压桌冷荤冷碟十六品；干鲜果品十六品；有上八珍、下八珍、八行件、八蜜碗……四十八座底；有两汤品、送客茶，请各位亲朋好友品鉴指导吧您哪。"以上以满汉全席为例，一般席面较此简单。

汤是宴席最后一道菜品，此时席间宾客应上谢茶房的礼封，称为"撂汤封"。最后上茶是送客茶，茶房提示宴席结束，"各位，酒过三巡，菜过五味，一百零八道满汉全席品尝在即，各位老爷太太、先生女士、宾朋好友，本家给您谢礼道乏，有手礼相送。咱们是千里长棚、万盏茶香，愿您香飘一路，车马平安吧您哪。"此时，由茶房交礼盒、领路、让开，开始送客离席。

茶房在宴席服务中很是周到，以讨本家高兴。除了上茶、上酒的规矩，还要知道席间的尊卑长幼关系，使宴席红火圆满、热闹喜兴。其虽然是单独一行，但在冷庄子宴席中，依然由承头人主办，茶房与本家不发生经济关系。本家把工资全交承头人，由他再交茶房，其中必有承头人的所得，称为"吃绪儿"。

第六是办堂会。旧时，不少办事的宴席附带堂会，即使冷庄子所办的简单、经济宴席，不能唱大戏请名角——一个名角的酬金可以办几十桌冷庄子宴席，但也需有简单的堂会，以示祈福、祝贺之仪，如盲人唱曲，几个人表演的子弟书、十不闲莲花落等。

冷庄子的大型宴席更是必有堂会，其作为宴席的一个单元，也可由承头人办理。承头人到戏班子或杂耍班子去接洽，称“讲工事”。戏班或杂耍班子有专人出面，“递话”请人。走堂会的演员又有“走单档”和“打山阵”之分，前者为名角，后者为学徒的孩子。打山阵的节目不长，然后就开始“什样杂耍”，如大鼓、单弦、相声等。讲究的宴席要请名角，如鼓界大王刘宝全、单弦大王荣剑臣，不少堂会离不开“槽糕”——单弦名家曹宝禄与相声名家高德明。戏曲类堂会在冷庄子宴席中承办者较少，如有也是清唱，分包赶角的小戏。堂会所花费多少都看本家意愿。

·冷庄子的宴席饭菜

宴席饭菜的制作，有“散作”和“包席”之分。散作由本家自己买物料，但也多由承头人代买。包席则是由承办人负责每桌饭菜的钱数，事后本家连工钱一起算账。至于包席的优劣则要看本家的要求，一是“得吃”，就是好吃；二是“好看”；三是“省钱”，三者不可兼得。但厨行自有行规，无论本家贫寒或是阔绰、宴席价码高低，开出桌来，菜品绝不会使本家难看，这是本事，也是手艺。

冷庄子的宴席善做“合碗菜”，如米粉肉、四喜丸子、扣肉、炖肘子、整鸡、整鱼之类，通常有八大碗、八大碗一海、八大碗两海、四到底、猪八件、花九件等。除了这些大件外，还有四压桌、四鲜果的“果席”。至于海味如鱼翅、鱼唇、燕窝等也有见之于席中，但多数难分真假，效果不佳。

宴席所用餐具也有高低之分。夏天菜品上桌不易凉，多用高脚或半高脚碗、盘等餐具。冬天太冷，用温碗或铜制水囤，此类餐具上层是菜品、下层有热水加温，菜品凉得较慢。早年餐具多用北方窑口烧制的粗瓷兰花盘碗，后来有南式草帽碗和草帽海，也有使粉彩印花餐具的。高档的餐具有手绘粉彩、青花或墨彩，但难见精细的官窑瓷器。

冷庄子也有专做白肉席的，一般是白肉锅子，另附几碟熟肉或生肉，称为“熟盘”和“生盘”，再加韭菜花、芝麻酱、蒜泥、辣椒油等小料。讲究的席面，锅子外另上烧碟，如炸丸子、炸鹿尾、炸佛手、炸里脊等，多者十几道、几十道，即为白肉小烧席。

京城各郊区的冷庄子也有区别。东西南北计有“十大宴席”，各有特色：京北的饸饹、烙糕；京南的素鸭；京西的压肉；京西到海淀、火器营、西北旺一带满族人较多，便有部分老满菜上桌；京东通州、三河则有河北菜品特色；近郊外馆，有满蒙民族特色，席间有奶饽饽、奶卷子、奶酪之类。

一个冷庄子，一个承头人，运动厨行的口子攒儿，调动厨师、棚匠、灶家、家伙座、茶行、堂会这六大“家族”上场，就办起了几桌、十几桌、几十桌乃至上百桌宴席，彼此配合默契，不洒汤，不漏水，本家高兴，亲朋满意，以妙手空空、幕天席地，创造出杯盘满盈、乞浆得酒的盛宴，无异于勤行怪杰，令今人也望尘莫及、心慕手追。

“吃家伙”

俗话说“好马配好鞍”，将菜比作“马”，餐具等家伙就是“鞍”。将戏比作宴席，角儿便是“菜”，行头便是“家伙”。没有行头、化装，便是“清唱”，会使好戏失色。于是勤行便有“吃家伙”之说——吃饭的人所花之钱，有一部分是“家伙”钱，菜品品质越高，家伙档次越高。一如戏曲之精彩，无疑是唱、念、做、打、翻之功，但真要是在台上粗服乱头地表演，名角也会减色几分。

·皇家的“吃家伙”

“吃家伙”在旧北京也分三六九等。这不但是社会各阶层生活发展的层次使然，也是勤行的规矩和经营之道所致。

先说皇家宴席与用膳。皇帝使用的“家伙”均由造办处筹办，不但材料珍贵，如金、银、铜、玉，镶宝石、珐琅、雕漆、琉璃，配紫檀、沉香，且各类窑口、工艺、风格的瓷器都由造办处调集全国各地名师工匠倾心制造，百中得一，千中选个。此外，物品的规制也有区别，如皇帝使用餐具的颜色纹饰可用明黄色龙纹压花，皇后可使用凤纹大雅斋款识，其他人绝不可以用。

清宫御膳有关记载中不但详细列出帝后们每餐的菜品名称、数量，还记录下所用餐具。如，“乾隆十二年十月初一进晚膳……烧狍肉锅塌鸡丝晾羊肉攒盘一品，祭祀猪羊肉一品，此二品银碟；象眼棋饼小馒首一品，黄盘；折叠奶皮一品，银碗；烤祭神糕一品，银盘；酥油豆面一品，银碗；蜂蜜一品，紫龙碟；拉拉一品，二号金碗……”从内务府御膳房，到普通勤行开买卖，都得懂得这些“吃家伙”的规矩。

如今，清代皇家御窑厂烧制的“万寿无疆”餐具踪迹难寻。20世纪60年代，普通山货屋子的地上就有成摞的“万寿无疆”贴花仿品，当时也就块儿八毛一件，老百姓用它吃炸酱面，没人再提皇家的规矩。今日重提，不是要恢复老制，只因当年那些工匠大师倾心制作的餐具是中国传统饮食文化和技艺的代表，不可轻易将其丢失或抛弃。在国力、财力和人民生活水平提高的当下，研究和恢复当年的烹饪技艺、家伙餐具、礼仪文化乃至皇家宴席，是对中国传统饮食文化和曾经炉火纯青的烹饪技术的挖掘、整理与继承。

· 庄馆菜的“吃家伙”

对于“吃家伙”，当时京城高档饭庄也是极其讲究的。

“八大堂”饭庄是皇家以外京城档次最高的餐饮业态，凡“堂”字号的均带戏楼，且规模庞大，殿堂讲究，家具陈设和餐具家伙可与皇家相媲美，甚至有宫里的真货，即便自家定制，也是景德镇名窑、高仿官窑的瓷器。

“堂”字号饭庄多善做寿宴和喜宴，如会贤堂、福寿堂、惠丰堂、天福堂、福庆堂、庆和堂、同和堂等，从字号中便可知其宴席特色，家伙次了那就别开席了。后来时局变迁，战乱不断，“八大堂”相继关张歇业，家伙没了，手艺丢了，厨师散了，甚至连门面也没了。

“八大楼”规模比饭庄小得多，一般是一楼大堂散座，楼上雅座可办宴席。这种饭座实际上高低错落，不尽相同。高者，如军界长官、政界要员、文人墨客、商贾阔少，接待条件和环境家具必在雅座中显现出来，菜品和家伙也能与“八大堂”相媲美。低者，一般饭座所用的家伙有普通青花瓷的餐具，也有贴花粉彩的餐具，京城普通瓷器店便有销售。

当年父亲和哥哥们都在“八大楼”，由于外祖父的一位弟弟在景德镇瓷窑，善绘粉彩，不少朋友便常托父亲或外祖父到景德镇定制高档瓷器。我家曾经有外祖父为母亲定制的成套“富贵白头”粉彩嫁妆瓷器，也有部分杯盘碗碟，可惜历经近百年沧桑，几乎损坏殆尽。

“富贵白头”曾是闺女出嫁时常用的粉彩“嫁妆瓷”，也是专用于喜宴的餐具“家伙”。当时，庄馆所用的“家伙”中有高仿“万寿无疆”的，高仿道光“慎德堂”的，光绪“大雅斋”“永庆长春”“长春同庆”的，甚至有仿郭葆昌所烧的“居仁堂制”和后来瓷商所烧的“洪宪年制”、徐世昌的“静远堂制”等款识瓷器，满桌色彩缤纷。

· 饭摊的“吃家伙”

普通饭铺如二荤铺、包子铺、灌肠铺、切面铺的餐具“家伙”，多是在京城瓷器店或山货屋子均可买到的各类青花瓷、低档贴花的粉彩瓷，也有单色瓷器如黑釉、绿釉、酱釉瓷器。在这些青花瓷中，以“兰花碗”类瓷器家伙最为普遍。这是一种釉下彩瓷器，纹饰简单，多是几笔勾绘的兰花图案，简单却也明快而老到。

（插画 / 郑莉）

· “吃家伙”的讲究

特别要提的是，无论何种饭铺绝不会使用纯白色的瓷器“家伙”上桌。因为宋金之后，定窑等几乎全部停业，盛极一时的白瓷被各色名窑的彩瓷所代替。后来沦落不堪的小窑白瓷多是祭品瓷，用于“祭席”供奉给逝者，制作粗糙，价钱便宜，供后用于随葬，这与宋金时代传下来的定窑白瓷、德化白瓷等不是一个品类。

老北京勤行所用各类“家伙”实际多为民国时期的

瓷器。大庄馆饭座讲究，要求气派，所以使用部分老瓷、古瓷和宫廷造办处烧造的瓷器，此必然是少数。讲究的，多数是到景德镇去定制仿明清各代的瓷器；再下者，在京城瓷器店定制或购买；最下者，有推车上门送货的，满街吆喝的游商也有成套的瓷器，但是多为京城周围或京东甚至河北一带烧造的粗瓷，价格便宜。

庄馆饭铺瓷器品类高低不同，但也是很有讲究的，其中用之最多的是青花瓷类。因为青花瓷是釉下彩，不但使用洁净，且不易磨损，纹饰清楚透灵，高温蒸煮不易损坏。青花所用料早已没有苏麻离青之类的上等料，国内上等料便是云南的珠明料，用于高档瓷器和餐具。江西上高的青花料多用于中等瓷器和餐具，在“八大楼”可见此类。到了普通饭铺、二荤铺，多是洋蓝和土青料烧造的低档“家伙”了。民国的五彩和粉彩瓷器装饰性强，多用于陈设瓷，高档庄馆则用于餐具的碗、盆、盅、杯类。至于新彩和色釉瓷器，价格低廉，多在普通饭馆和摊贩中使用。

庄馆平时主要依据饭座的身份地位和宴席的标准高低确定“家伙”品类和样式。宴请极重要的饭座或名家，当选用庄馆自家收藏的珍品上桌，如早年的丰泽园、东兴楼等都曾使用过皇家的珍品，即皇帝御赐的瓷器，后来便都有路数进行仿制使用。作为民国时期的高档宴席，满汉全席很讲究使用成套的高档“家伙”，席头有干鲜果品的高摆碟，多为粉彩或珐琅彩高庄碟，如大件立雕一般是珐琅彩或粉彩的果盘，并配硬木底座；饽饽桌子是在类似硬木炕桌样的桌子上平摆各类装有满汉饽饽的盘子；烧猪、烧鸭、烧哈尔巴子是典型的满菜，都是到景德镇专做带有特殊纹饰的猪盘、鸭盘；至于“上八珍”“下八珍”的各类大件和行件，是高岭土烧造的精致瓷器，如粉彩、珐琅彩、斗彩、五彩等。每位饭座“门前”的专用碟、碗都是带有铭款的细料名瓷。如果是寿宴或喜宴，必然会使用带有“万寿无疆”、“永庆长春”或“富贵白头”、“燕喜同和”之类名款的瓷器；凡上奶茶，必用满式“喷巴壶”或“僧帽壶”；凡上三清茶，则用仿乾隆三清壶和三清杯。宴席中很少使用名人的私款，多用瓷庄、店号、美术社或极似名人款的款识。档次低的瓷器一般无款，或只有“蓝圈”。

餐具“家伙”主要是碗和盘碟之类，个别有汤盆或食盒上桌的。盘碟的样式一般变化不大，碗的样式则是五花八门。瓷碗摆放稳定，适合儿童使用，不易打翻。碗的基本形状是口大足小带圈足，因此类碗使用方便，且不易脱手失落。此外，尚有折腰碗，即在碗的中腰处收缩出一圈腰折，比普通碗更容易持拿，不易脱落。碗的外观也略有变化。有一种较小的碗无圈足，平底，撇口，形似马蹄，称马蹄碗，其特点是摆放稳定，个体小而易拿易放。有一种碗的碗口起伏如瓣，称“花口碗”，打破了碗口的线条，增加了美观。有一种碗无圈足，底大，如从碗侧卧入，故称“卧足碗”。有的碗带盖，如盖碗，小型的便是沏茶的茶碗；如果再带碗托，便称“天地人三才碗”，这是开席之前的落座茶必不可少的瓷器“家伙”；大型的盖碗便是盛汤的汤碗，有一种带盖的大碗可以盛汤而不易凉，称“温碗”。了解各类瓷器“家伙”的特点，便于顺应饭座要求，也便于饭菜的整体造型。

还有一种不定时营业的买卖，即冷庄子和跑大棚的口子厨房，承办婚丧嫁娶等各类宴席，所用的餐具“家伙”和桌椅类“家伙座”，有的并不自备，而是由租用家具和餐具“家伙”的行业为之提供配套服务。

但是口子行多数自备家具和餐具家伙，使用和规矩却与一般庄馆不同。因为人员都是临时雇用，各部门必须有规矩配合，所以口子厨房在其内部分出厨行、油行和茶行，各顾各的工作，但互相配合，严丝合缝。油行是给厨师打下手的，类似普通庄馆内“打杂看蒸锅的”，这一行当必须熟悉各类家伙的使用。如合碗菜。一般入蒸锅之前所用的“家伙”为糙瓷，出蒸锅

餐具必须与宴席档次匹配。高等宴席用豪华餐具，豪华宴席用名人制作名牌餐具。此例以富贵白头为头号“家伙”，属于豪华宴席所用的餐具。

后由油行伙计“合碗”，装入可上餐桌的细瓷碗，再交给茶房上桌摆台。普通宴席常用的家伙，如高脚盘，一般装熘炒菜；九寸的“三海”，一般装肉菜；一尺的“二海”，一般装烩菜；“大海”一般盛合碗的大菜，如整鸡、整鸭、扣肉、四喜丸子等；冷荤大致用七寸盘。

不同本家要求的宴席档次不同，“家伙”必须配合得当。便席以猪肉菜为主，是“猪八件”和“花九件”席面；中档席一般四冷荤八大碗；丰富讲究的席面，八碗四海；此外，还有诸如八碟八碗，八碗一锅子，“四到底”燕翅席，“四到底”鱼唇、鱼肚、海参席等。随着宴席档次的提高，所用“家伙”也须是相应档次的瓷器。但是很少有使用古玩珍品的，高仿瓷已经算是不错了，如手绘大雅斋瓷器、手绘万寿无疆瓷器、手绘慎德堂瓷器、手绘富贵白头瓷器等。

鲁菜中的西法菜

旧时的鲁菜保守，好处是守住了老祖宗留下的技艺和真谛，没有敢擅自篡改祖上传承的手艺人。包括主料、配料、调料的选择，刀工的法则与精细，火候的调剂使用，还有炒勺、手勺的使用，这些都有严格的规矩。我亲眼见到那些厨房的老山东、老胶州厨师在灶上炒菜，手法精彩、果断，如行云流水，简直是一种艺术。

清朝覆灭以后，不少行业也随之产生了变革。京城开始积聚南方客商和外国男女大众，南菜馆相继增多，如淮扬馆春明楼、春华楼、淮扬春、安福楼、萃华楼、玉华台等，贵州馆西黔阳、东黔阳，河南馆厚德福、蓉园，广东馆新亚楼、东亚楼、新亚春等，闽菜馆忠信堂，川菜馆大陆春、新陆春、庆林春等。

番菜馆也日渐增多，影响较大的有撷英、来今雨轩、森隆、鑫华、泰安红楼、大美等。当然，京城大多数宴席和应酬依然是“八大堂”和“八大楼”，鲁菜的风格大局不动，但个别菜品已出现南味，如南味扣肉、南煎丸子等。

传统鲁菜中出现与西菜的融合，是一个漫长探索、潜移默化的过程。历代欧洲外交官、传教士不断带来各种西法烹饪技术，早期有部分西法菜已经“中西合璧”，但并未引起人们的注意。鸦片战争后，中国被迫开放通商口岸，西餐和西法烹饪渐渐普及。当时，南方西法菜多以欧美为主，北方西法菜多以俄式为主，最简单的如牛排、沙拉等，不少中餐厨师很快就掌握了西法烹饪技术。

西法菜进入中餐，不是为追时髦而生搬硬套、大轰大嗡地“创造”而成。以鲁菜馆来说，有一个原则是使西菜适合鲁菜口味，但又保持西菜的主要风格，以适应当时食客特别是一些上流社会人士和青年的需求。

我家主张学西法菜的主要是小舅陈明。陈明是堂口中的名堂。当时举办各类宴席，堂口是灵魂，也是宴席的主体执行人。无论是宫廷菜、鲁菜、教菜、素席还是番菜席，大都是中国堂倌主持。陈明对西式宴席接触较多，对番菜了解也多，是融合西法菜的积极推进者。他首先说服我的父亲、大哥，还有父亲的把兄弟王德海、孙文吉，大哥的朋友夏嘉祥等同行，饭铺则涉及致美楼、润明楼、海丰楼、万兴馆、春兴楼、景泉居、福泉馆、增兴馆等。这些庄馆的伙友和几位西餐番菜的厨师在一起交流，研究如何在鲁菜中借鉴西法，以满足部分食客的爱好，并赶上潮流。陈明本人的西餐手艺已经不错,加之外祖母是日餐家庭厨师，更开拓了他将西法烹饪融入鲁菜的思路。这遭到不少老师傅的反对，甚至要把陈明开出鲁菜行。然而，不止陈明一人，一些年轻厨师也在探索西法菜融入鲁菜的方法，并对他报以同情。这些过程无论如何都跳不出东家和掌柜的手眼。经过不懈的努力，陈明终于说服了个别东家和掌柜，可以单菜试做、众口品尝，倘若行里一致好评，可以个别推出，以便投石问路。这就是西法菜产生的始端。

起初的西法菜与传统的宫廷菜或说鲁菜极其相似。如西菜的软煎大虾，是将大虾收拾干净，撒盐、胡椒粉，粘面粉、蛋糊，炸至上色，浇黄油即成；而中式的软炸大虾，虾肉并不用盐和胡椒粉处理，只是裹面糊后炸至上色，装盘，椒盐跟碟即成。又如炸茄盒，西式做法是调馅时加葱头、胡椒粉和盐调味，而中式调馅则加葱末、盐和香油之类，茄盒的制作和炸制基本一致。后来，便有“八大堂”和“八大楼”的厨师中有兴趣与天赋者热心于此，兴起了做西法菜的热潮。那些手艺高超的师傅制作的西法菜，比原汁原味的西菜还受国人欢迎和认同。

一般庄馆做的西法菜并不当成西餐出售，而是放在本行菜谱中，称为“西法”而不称“西餐”，一是不愿跳出鲁菜行，让祖宗误以为后人“欺师灭祖”；二是无论如何，西餐与西法必有区别，仅原料上就无法做到原产地采购，不然成本很高。如制作马德拉酱汁，西餐必用马德拉岛生产的葡萄酒，但西法菜则使用一般国外红葡萄酒或国产红葡萄酒。且西法菜对于中国食客来说，比吃纯西餐要物美而价廉。

有的庄馆由于经营档次和顾客特点所致，将西法菜在雅间单设桌接待，有的则开始在雅间西法菜中列

（插画 / 郑莉）

入西餐菜式，以便食客在雅间内以西餐宴请宾朋，或作时令雅集。到后来，这些犹抱琵琶半遮面的西法菜便分化为纯西餐部和中餐里的西法菜两路。时至今日，京城老酒店的鲁菜中依然保留了部分西法菜，但有的菜却彻底去掉了“西法”的冠名，如番茄里脊、番茄虾仁、罐焖牛肉、咖喱大虾等，成为鲁菜的一员。

部分靠近港埠城市的地方，鲁菜中也出现了对西法烹饪的借鉴。如辽阳鲁菜中的咖喱鸡块、咖喱牛肉、面包火腿盒、三鲜面包盒等菜品，便具有西餐的特点。这些西法菜融合得自然而贴切，不是生搬硬套，且没有打乱原有菜系的基本风格，只是一种学习和借鉴，甚至还有在原鲁菜基础上的创新。

西法菜融入鲁菜，是中国历史变革大势下的必然走向之一。任何菜系都不是孤立地存在于市场中，也不是一成不变的。随着人们生活水平和文化水平的提高，加之地域间的交流，烹饪技术总是会出现不同体系之间的融合。融合与独立是相对的，独立是根本，融合是变化或提高。社会在发展，食客也越来越成熟，开始懂得鲁菜的珍贵与美妙，即使当今的鲁菜又融合了一些现代因素，但只要守住菜系的根本特色和传统技艺，在餐饮变革中依然会健康发展。

旧事寻味

荣华富贵班拟选门头 （插画／郑莉）

父亲的“富连成”之梦

勤行在旧时代属于“下九流”行业，不被人高眼看待，这是因为旧时代社会阶层有严格的高低等级之分。那时，侍奉人者永远是奴婢，不但饭座对厨子可以无理取闹、仗势欺人，就是在勤行内部，师徒之间也几乎无理可讲，不少脾气暴躁的师父可任意打骂学徒，将其视若奴仆，甚至出现学徒无法忍受而投河觅井的悲剧。

父亲秉性善良，看不得虐待学徒，经常教导徒弟们要如手足相处，不可互相欺压。然而，世态炎凉绝非个人所能扭转变革的。父亲经常与三五知己切磋议论，想找到一个圆满的办法，使勤行内部真的安常处顺，师徒如父子。那时的劳苦阶层需要互相帮衬，共渡难关。原先是同辈伙友共拜金兰，有福同享，有难同当，不少已经成了“师傅”的厨师都有把兄弟同处，遇到难处互相沟通帮助，在社会上也不太容易受人欺凌。我曾看到不少大哥与朋友的合影留念，那些伙友确实是比较密切的朋友。

父亲认为，靠结金兰等方式无法从根本上解决行里对学徒的不公待遇。因为当年所谓的师徒关系并不是亲如父子，师父责打徒弟，有时甚至能要了命，经常让人看不下去。而最让人难以理解的是，“三年零一节”之后，徒弟经常无法出师，学不到什么手艺。他找了几位行里年长、辈分大、威望高的朋友商议良策，有人提出可以效法戏曲界办科班。当时，京城最有名的戏曲科班“富连成班”的班主是萧长华，萧先生常去致美楼会友吃饭，掌柜的和父亲与其还有一点交情。虽然如此，父亲却并没有去麻烦萧先生什么，因为厨行与戏曲毕竟大不相同。戏曲界学徒虽苦，有“打出来的戏子”之说，就连不少名角也曾经被打得浑身血肉，回家难脱袍，但一朝成名，便是登台满堂喝彩，出门车马喧阗，厨戏两行不可同日而语。父亲只是在见面迎送之际，闲述过一两句厨行科班的意思。萧先生非常客气，总是点头称赞，但也只是应酬和客气罢了。实际上，厨行办科班谈何容易，一是经费，二是场所，没有一大笔资金一切都是空想。

先是教师如何聘任。当时筹算了几位年高德望的老师傅，反正已然休闲在家，定时聘来教授也为可行之计。至于场地，父亲看中了当时京城安外的外馆，那里也是“富连成班”班主的住宅所在，是“富连成班”的教学基地。父亲在外馆买下的住宅就在此家的东侧，从外馆的馆墙出东口下坡就是我家，家中尚有院落，还可以再盖几间东西房，院外南侧一片草地也可以再盖几间教室。于是，父亲便开始筹划这个科班，起名为“荣华富贵班”。父亲必然想让自家的孩子先入此班，因此，我家哥儿四个便排名为“荣”“华”“富”“贵”。他的几个朋友也在四处奔走，筹划此事。此后，在我家院外果然又盖了几间平房，准备用作教室。没开班之前，父亲为孙文吉筹划家眷结婚，便先让他住在此处看房。

外馆毕竟曾经是个繁华之地，当时虽然已经过景很久，但是距离安定门关厢依然很近，地皮还是太贵，即便荒草地也是有主的地皮。除了为孙文吉盖了几间房，父亲再也无力扩建校舍，便想到他童年住过的地方，那是祖母的娘家所在，地名“半壁街”。此地早年曾是一个完整的村庄，后来沧桑变迁，只剩下半条街道之大，故得此名。半壁街东南有两座祠堂，皆是绿琉璃瓦大式建筑，其规格自然不低。与祠堂相隔南北的安立路（现名）以西有一座“太师太保的坟茔”，也是大式建筑，但均称此地为“祠堂”或“老坟”，如今大约在亚运村东南角处。祠堂南侧有一片荒地，长满芦苇，土中满是姜石，无法耕种为田。父亲估计此地价格必然便宜，于是托人弄戗找到本主，这家却是个看坟的。民国以后，曾经辉煌一时的清代官宦人家大都落寞无声，看坟人也得不到什么补偿，有的便将坟地周围的散落土地出售卖钱以维持生活。父亲将自己多年积攒的零钱全部拿出，不动声色地买下这块土地，开始筹划招收学员、聘请教师、制定教学内容和方法等。但这引出了不少麻烦，使父亲心里疲惫，大病不起。

我的祖父去世较早，祖母屈氏曾在城里为大户当过奶妈。那时，父亲年幼，寄托在祖母的娘家，娘家心狠，将父亲放在猪圈里，与猪共同生活。此事被大望京的一位远亲发现，设法将父亲接走，照顾如同亲子一般。大望京本是御厨之地，几乎家家都能送孩子进城学徒于勤行，这样便使父亲脱离了苦海，熏陶了厨艺，先到会贤堂学徒，后到致美楼要手艺并成为那里的厨师，成家立业。此间，祖母并没说什么，乐得别人替自己养大孩子，节省了钱财。但是，自从父亲出师后，屈家便开始前去讨债，说是父亲自幼在他家抚养，欠下的债钱需要偿还，每月开钱便到柜上讨要，甚至脱光父亲的上衣搜身。伙友和掌柜都看不下去，便千方百计帮父亲“抗税”。每月父亲的大部分工钱都被屈家讨走，留下部分生活费和零钱，就是在如此艰辛情况下，他还是省吃俭用积攒了一点结余，准备到祠堂买下这块荒地，筹办“荣华富贵班”。

祠堂这块地终于买成了，父亲拿到地契，心中松了一口气，便开始准备其他事项。谁知，买地的事还是让祖母知道了。当时，父亲已育有我们六个兄弟姐妹，多年来也向屈家交了无数的“养育费”，用自己的零钱办自己的事业实在无可挑剔，但祖母却疯狂反对，闹得家中天翻地覆。母亲从过门就受祖母的打骂虐待，从来是为了父亲逆来顺受，这次她决心要支持父亲买地办班。祖母的娘家是个富户，在半壁街尚有势力，她便找来一帮如狼似虎的娘家人，多次到家中讨要地契。

办班成了父亲的一大心事，亲戚朋友和师徒伙友一起努力坚持，筹集资金、物品，总想是好事多磨吧。就这样，一忍就是十几年，眼看着戏行的“富连成班”人才辈出，大红大紫地发展起来，勤行的“富连成班”却杳无音信。父亲终日思虑琢磨，先是考虑勤行没有资金来源，办班教学不是空口说成的，“富连成班”总是有富人支持，不然为何叫“富连成”哪，人家能不发达吗？可在勤行里找东家出资，东家说是不务正业。后又考虑，两个行当不同，勤行大多数人大字不识，而戏曲界无论生旦净末丑张口就是文章。《满汉全席》的段子是朱绍文所写，朱绍文唱戏出身，那是满腹经纶、学富五车的能人，才能写出《报菜名》来，而勤行哪个能行？想到这里，父亲有些心灰意懒，几个热心的朋友也有些不知所措。好事就这样又放了许久。后来，我都能满地乱跑，给大人唱《蓝桥会》了，事情也始终无结果。此时，便有人劝父亲罢手，别再想办学的事了，怕是此事已有天意，料定不成。父亲开始并不相信，有一次他出门活动活动，碰到一位能说会道的。那人告知父亲：“你赶紧回家，闭门不出，躲过七七四十九天劫难，或许无碍。”父亲一听，认为这是针对祠堂买地的事所来，其中必有内情，便转身回家，倒在床上闷头睡起。休息几天后，父亲回到致美楼，便觉浑身不适，终于发起烧来，众伙友护送回家时，已经昏昏沉沉。

后来终于得知，此事是有人从中指使，目的是讨要父亲所买的那块地。父亲一病，那几个心怀叵测的人便来探视，还请来一个卖野药的充当大夫，说父亲是“夹气伤寒，必须用大葱插入口内通气，方可治愈”。母亲已经看出这是要谋害父亲，便极力阻止，使其未能得逞。但是，父亲一直昏昏沉沉、意识不清，家里又无人拿事，就这样维持了数日。眼看父亲病情危重，难以医治，母亲便唤来外祖母、娘家的老亲和父亲的朋友、徒弟商量后事。外祖母为父亲请来一位西医，西医说父亲情况不好，需要赶紧准备后事。

后事，无非是寿衣、棺木和丧仪所需之物，这些已经由父亲的师兄弟们筹备停当。医生便征得母亲同意，为父亲打了一针，据说是吗啡，以便与亲人交代后事。打针后父亲开始清醒，吃了几口榅桲，似乎是回光返照，忽然有了精神，便半坐起来，先说起办学之事。众人已经商定，一切按父亲所说应答，以便使他满意。父亲说，要在所买地界盖起简易教室，促使荣华富贵班早日开班，可招收勤行子弟入学，一年上课，两年上灶，三年出师。教师由现有师兄弟中选出，义务教学，不收报酬。大哥、二哥分别被安排在“荣字班”和“华字班”学习兼课，以为示范。还安排了其他管理人员和勤杂事项。时辰已经是丑末寅初，父亲忽然感叹一声说“太累了，我要歇息”，便昏昏睡去。他确是安详地睡了，再也没有醒来。

以后，就是为父亲办理后事，朋友送来杉木十三园寿材，设灵堂祭奠，接三焰口，发引下葬，师徒众人轰轰烈烈地送走了这一代名厨——就下葬在祠堂东南父亲亲自购买的“教学用地”上。

就在下葬的第二天，那些不速之客、所谓的“长辈”便来教训母亲。此时，我们的确是“孤儿寡母”。对方要求交出地契，以替我家照管土地，母亲坚决拒绝。双方在屋里屋外对峙许久，便有出头之人要进屋夺取地契。母亲好言相劝无效，便说：“谁能躲过我的金镖，便可取走地契。”说罢，从屋内掷出一支金镖，正中院内一根木柱。那些人见此情景，吓得退至门口，作鸟兽散。

记得父亲下葬之后第三十五天，全家乘骡车北上祠堂，由大姐按习俗为父亲烧伞。只见父亲坟上已长出绿草，母亲说，那是父亲有知，在看着我们。坟上的野草当风徐徐摆动，似乎表示，父亲办“荣华富贵班”的梦想依然没有幻灭，他还等待着一个新时代的到来，等待着看到“荣华富贵班”的开学典礼。当勤行旧事几乎在记忆中快要消失时，终于，“荣华富贵班”出现在繁花似锦的京城，晚辈人才济济，华宴辉煌，终于会使逝者舒心瞑目了。

往事拾珍，以一首《鹧鸪天》作结：

勤行旧事意苍凉，富贵荣华梦一场。
辈辈艰难人无望，年年辛苦路彷徨。
名厨去，遗恨长。荒坟野草伴祠堂。
后继徒人终成事，满堂盛宴献辉煌。

宫廷御膳大师陈光寿之子——润明楼和京苏大菜大师陈明名堂

名堂的逝去

勤行有明确和科学的分工，一般来说有堂、柜、灶、案。

“堂”就是堂口，相当于现在餐饮行业的服务部门，包括传菜、看台、领位以及服务领班等。不过当年的堂口比如今的服务要复杂得多。堂口首先要接待顾客入席落座、休息和点菜。那时点菜没有菜谱，都是由跑堂口述，要能一口气报出十几个甚至几十个菜名，还要说清每道菜的口味、原料、做法和价格。有的著名堂口就被称为“名堂”，名堂可以流畅背出庄馆所有的菜名。当年“天桥八大怪”之一、相声界的鼻祖朱绍文，就曾编写过相声段子《报菜名》，至今脍炙人口。名堂不仅要报菜名，还要在堂口为饭座服务，包括改刀，分盘，递手巾把、牙签、渣豆（漱口盂），算账，来往迎送等。他要对庄馆所经营的菜品非常熟悉，熟到对答如流。

堂口的负责人也叫“茶房”。茶房还有一项更难的技术，就是制作茶点。他首先要熟悉茶品，包括对各类茶的名称、产地、特点和茶道规矩都要非常了解，如北方常喝的花茶、香片，南方常喝的乌龙、普洱，宫廷常喝的龙井、毛尖等；要懂得各种上茶的程序和规矩，还要熟悉茶具的特点、名称、产地和窑口。除了茶道，他还要会制作茶点、茶食。当时饭座所吃的饽饽点心，不是由白案制作的（白案只制作主食，如烙饼、抻面、包饺子、蒸馒头、花卷、包子之类），而是由茶房制作，如酥皮点心、提浆点心、包酥点心、萨其马、芙蓉糕、奶乌他、奶卷子、缸炉、月饼、槽子糕、勺子饽饽等，其类别多达几十种。茶房中谙熟茶道和炉食制作的，一般已属名堂。特别是大茶馆中的红炉馆（大茶馆中设有红炉自家烤制满汉饽饽的，称为“红炉馆”。它不仅是八旗子弟、太平父老们消闲解闷之处，也是官人、差役说差议事的聚集点），茶房必然要懂茶食制作。

茶房还有另一套本事，就是主持宴席。那时的宴席，特别是寿宴，一般带堂会，其仪式和礼节异常繁复，各方面管事的又多，如大管事的称“提调”，和茶房关联的还有账房、知宾、监厨、监席等，与宴席相关的还有棚、彩、家伙座等，各种堂会和仪式，不一而足。茶房与厨师的不同之处在于，前者与人打交道，后者与物打交道，而与人打交道所需要的文化、知识要复杂得多。此外，堂口需要口齿清楚、处事灵活、五官端正、面善喜人。

我家小舅陈明，因其父陈光寿祖辈在宫廷御膳房供职，所以必然要子承父业。但是，小舅与我大哥性情不同，他生性活泼喜动，善言谈、爱交际，头脑灵活，记忆超凡，加之面目清秀、体态优雅，天生是个好茶房的材料。但是，论操作、刀勺他不如大哥，也没有那些耐心。外祖父一再教训“子承父业”的规矩，可小舅依然不愿上灶学习，且总是和茶房的朋友交往，又喜学那些祝寿的戏曲，如《百寿图》《蟠桃会》，还有那些“子弟书”，简直让他入了迷。虽然当时子弟八角鼓表演皆为满人官宦子弟，但到了清末民初，加入不少“票友”，其中像小舅这样的“汉八旗”子弟已经属于正宗了。据母亲和外祖母回忆，小舅的“子

（插画 / 郑莉）

弟书”唱得极好，如《福寿绕》《天官赐福》《八仙庆寿》都是他的拿手曲目，后来还有大段的《家庭训》《大过会》。据母亲说，她所唱的《蓝桥会》和《探清水河》还是小舅所传。至于满汉全席的《菜单子》，他早已是倒背如流。

最后，小舅陈明还是没有到后厨学徒，而是入了茶房一行。虽说茶房还是勤行，但不必灯油火耗地去砸煤砍冰，也不用烟熏火燎地去炒菜做饭。在堂口，很需要体面，这也合了小舅干净利落的习惯。他总是一身西服，皮鞋锃亮，平头精神，动作麻利，加之天资和勤奋，当时已是京城相当出色的名堂了。不但“八大楼”“八大堂”遇到满汉全席或有大型堂会都愿请他张罗，就是不少官僚、富绅、名人办事，也常请他去主持。

1936 年，当时父亲在致美楼，大哥在润明楼，二哥在海丰楼，小舅和大哥在一起。那年春天，国民革命军第二十九路军（以下简称“二十九军”）军长宋哲元和天津市市长萧振瀛在京城为双亲办寿，京城庄馆几乎全部参与制作寿宴。宾客三千，占用了京城的大小宾馆和几乎所有车辆交通，二十九军部分军官、军乐队参加服务和礼仪。就是在这次活动中，小舅结识了几位二十九军的军官，军官们对他的活计、口齿和为人极为赞赏，便有意让他进二十九军，并赠大刀一把，以为纪念。谁知，这把大刀勾起了他的伤心事，也把他送上了烽火连天的前线，踏上了最英勇的人生之路。小舅参加了二十九军。

据外祖母讲，外祖父家原住烟袋斜街，八国联军入侵京城，到处一派亡国景象，当时从东直门到西直门属于日军占领区，各家均须悬挂太阳旗，上写“大日本顺民”。日军在此杀人、抢劫，奸淫、残害百姓，无恶不作。辛丑年（1901 年）之后，国家签订丧权辱国的不平等条约。慈禧反为取悦洋人，将一批大臣无端正法。大约是慈禧病死之前，外祖父被奸人所告，因率义和团抗击外敌侵略之事惨遭杀害。与此同时，遇难的还有一些他传授厨艺和武功的徒弟。小舅当时年幼，后来知道此事，总是愤愤于胸，此次堂会结识了二十九军的朋友，再加之第二年便发生卢沟桥事变，终引发他的旧恨新仇。

小舅本是外祖父的得意门徒，身手了得，于拳脚武术上也有不少朋友。那时已到不惑之年，但他在家总是习武练拳，一改以往开朗，终日郁郁寡欢，不提婚姻之事。母亲和外祖母担心小舅心事太重，会出事故，便想为他早结姻缘。女方本也是亲戚，家住安定门外来广营，我称其为“姑姑”。“七七事变”前夕，便已托媒人与姑姑家说好，由于兵荒马乱，婚事一切从简，请她暂时住在外馆骆驼桥，也就是我家，就算成婚，待以后世态安稳再行大礼。于是，这位舅妈便择日被车马接到我家，算是完婚。但是，婚事未办，卢沟桥便响起炮声。在一天深夜，小舅与两位军界朋友不辞而别，后托人送来一信，所言大致为：为报杀父之仇，与朋友共赴前线。不耽误舅妈青春，未入洞房，还请另择人家婚嫁，等等。

卢沟桥整日炮声隆隆，不过几日，大量二十九军伤兵便退回到安外黄寺兵营。据说，因为弹药和物资供应不上，前线极其艰苦。黄寺兵营退却之前，部队让百姓前去搬运物资，免被日寇占领，之后便用炸药炸毁兵营，在外馆听得见震天动地的响声。此后，北京沦陷，日军又一次在城内肆虐。小舅陈明这一代名堂，从此在京城销声匿迹。

外祖母和母亲托不少朋友到处打探，还请一位家住宛平城内的亲戚细问，但毫无音信。几个月后，腊月的一天，门外来了一个乞丐，衣衫褴褛，蓬头垢面。母亲给他一碗吃食，那人边吃边说："卢沟桥仗打得非常激烈，二十九军阵亡惨烈，陈明作战英勇，刀法精通，杀敌不少。但战后一直不知下落，也许还有生还的希望。"说着，他拿出一张很小的照片，交给母亲说："这是陈明的物品，一直放在一个布口袋里。"母亲接过细看，正是小舅陈明的一张照片，还是那样精神漂亮——平头，西装，鸡心领毛坎肩。这张照片一直保存在我家，母亲天天看几遍，还盼望着这位可爱的弟弟有一天能突然回到身边。

小舅走后，舅妈一直住在我家。时日已久，她便搬回来广营家中居住。母亲经常和大哥去看望她，盼她早日择婿再嫁，一切事宜由母亲操持办理，舅妈只是落泪不语。后来再去，家中却空无一人，和街坊打听，不知下落。家中留下零星杂物，抽屉里找到一个已经破旧散落的折子，其样子和祖父留下的菜谱折子相似。其中有小舅抄下的茶道诗词歌赋，包括宫廷《三清茶》茶道常引用的几首“柏梁体”古诗，有一首是表示一女子出嫁入佛门之事。于是，大哥说：“别找了，舅妈出家了。”那时，京城距北郊最近的有安定门内的通教寺，可以收女子出家。前去问询，便说曾有京郊一女子来入佛门，如今已随师傅外出云游，一年未见归来。从此，舅妈也就下落不明。

两个鸳鸯天各一方，生死不知，外祖母和母亲常以泪洗面。母亲病重时，手里总是拿着小舅那张照片，说：“我走后，一定要带着他。”一直到母亲离世，照片就放在她的枕边，后随母亲葬于安外大屯村谢家大沟边的一棵古柏旁。这便是一代名堂陈明的归宿。有道是：

一代名堂誉京城，锦厅华彩唱寿声。
客座离宴情未退，华灯正上见陈明。
三清茶里松竹气，万寿糕中御膳功。
炮火惊断鸳鸯梦，一片青烟化凌空。

苦海学徒巧作舟

我家姐妹二人、兄弟四人，小弟希贵年幼夭折，后来能有所学并成家立业的只有三兄弟和两姐妹。大哥希荣和二哥希华均是勤行学徒。那时勤行是个“下等”行业，学徒的苦楚难以言表。虽然父亲在致美楼，但大哥不能到那里学徒，怕因家长庇护，孩子学不出手艺，也怕熟人的孩子不好管。因此，大哥必须到人生地僻的买卖去学徒。

学徒三年，罪必须受，苦必须吃，委屈得自己忍着。手艺好，师傅和伙友另眼看待，日子好过一点；学功慢，办事呆，少不了挨打受气。靠吃苦可以出师，但长进会很慢，七八年熬不到帮案，有的甚至一辈子打杂或看蒸锅。真正学出手艺，得靠自己的努力和天分。

同样一道菜，主料、辅料、调料、灶具完全一样，两个人会炒出完全不同的菜品，一个色、香、味、形俱佳，汁明芡亮；另一个可能就炒出一锅烂菜，无法入口。这就是手艺。所谓“苦海学徒巧作舟”，就是说不能一味吃苦，还要运用知识和聪明才智去学、去练，去探究烹饪中的学问和技巧。

大哥人老实，但是心灵手巧，因为是家中长子，上学时间早，在外馆一位姓傅的先生开设的私塾上学，学到“四书”读完，这在当时的农村已经算是不容易了。家里的老大无论如何是要有点学识的，不然，自家不少文书之事就需要求人。特别是进城学手艺，大字不识的，虽然手艺好，但常吃亏上当。在当时一起学徒的少年中，大哥是学识最高的，且是最懂事的孩子。学问不但让人长知识、懂事理，还会使人触类旁通，在手艺上长进，加之勤奋努力，终可成才。

一年的大年三十晚上，父亲将大哥带进城，先来到致美楼见了掌柜的，拜个早年。掌柜的叫伙友给大哥做了一碗扣肉烫饭，说是伙友的年饭刚吃完，这盘子扣肉还没动筷子。大哥实诚，加之平时家里吃的苦一些，一大碗扣肉烫饭全吃了。掌柜的一乐，说：“殿臣，老大可是个实诚孩子。”父亲说：“平时粗茶淡饭的，肚子里没油水，扣肉烫饭，甭说孩子，我都看着怪香的，还不是掌柜的疼孩子嘛。”掌柜的一听哈哈大笑，大哥也乐了。这样，大哥进城的紧张情绪松弛了好多。

吃完饭，父亲说立刻去东安市场润明楼，那里因为有人烫伤了脚，急缺人手。润明楼过年不歇年假，有几桌朋友寿宴推不开，又都是官场，必须留下几个伙友支应这几桌宴席。掌柜的姓包，且因额上有个“包”（即现在所称的“脂肪瘤”），多称其“包儿爷”，他也并不介意。父亲让孙文吉送大哥去润明楼，因为孙文吉和包儿爷家是故交，可以给大哥交代一下柜上的上下关系。再者，孙文吉一直住在我家隔壁，几乎和一家人一样，有个家里人送大哥，父亲也放心。

大哥平时在家就替母亲主持不少家务，除了上学、管弟弟妹妹学业以外，还帮助母亲做饭。祖母是个性情暴戾的人，经常责打我们几个孩子，很多时候都是大哥挡在前面替弟弟妹妹挨打。大哥做饭是母亲所教，因为外祖父是御厨，外祖母也是做菜极细致的主妇，母亲自幼耳濡目染，深得厨艺技巧。所以，大哥在没进城学徒之前，对北菜的刀工、火候已经熟悉不少，家里做饭的切配全是他，无论生、熟肉片都能切得薄纸一般。有一次，街上叫卖“熏鱼儿”，祖母让大哥去买。本来卖熏鱼儿的手艺就是切肉，能切得很薄，但大哥觉得卖的熏鱼儿切得太厚，将这样的熏鱼儿买回家，祖母就会动手打人。卖肉的说："你要是能切得比我薄，这块熏鱼儿不要钱，白送你。"此时，街坊四邻也来看，怕孩子与卖肉的吵架。于是，大哥开始切肉，当他一手托起荷叶上薄如纸片般漂亮的熏鱼儿时，卖肉的乐了，说："肉不要钱，我拜你为师。"众人一乐，大哥给了肉钱，转身回家。在还没学徒之前，大哥的家常饭菜就做得很不错了，特别是和九舅学的炒饼、炒面、炒片儿都很得心应手。

大哥随着孙文吉来到润明楼，那里后厨正灯明火亮，赶着晚上这几桌酒席。见了掌柜的，大哥叫声"包大爷"，鞠了一个躬，问："我干点什么？"包儿爷一乐，说："你就是希荣？念过'四书'？可你现在什么也插不上手，先到后头剥葱剥蒜去吧！"大哥就此开始了打杂生活。

打杂比一般学徒还苦，不但活计重，还要早起晚睡，天天缺觉，熬人。打杂开始有两件重活，一件是砸煤。当时炒菜用高灶、硬煤，运来的硬煤大小不一，和末子混杂在一起，打杂的不但要将煤末和煤块分开，还要把煤砸成适合高灶使用的煤块。这种煤块如核桃般大小一致，使得走火均匀，燃烧旺盛。看起来简单的砸煤，实际上却极难掌握，劲大了容易砸碎，就报废了，劲小了又砸不开，加之人天天缺觉，一犯困，就会砸手。

另一件重活是砸冰。当时没有电冰箱，冷食、冷碟的制作全靠天然冰入木箱冰镇。木箱是根据每天所存放冷品多少、碗碟尺寸制作出来的，而买来的冰多是由冰窖送来。当时京城入冬后一封河，冰的厚度达到一定尺寸，冰窖就开始挖冰和运冰。冰的来源主要靠筒子河、北海、什刹海等河内的天然冰，凿成大块，运往北城冰窖。到夏天，用冰的买卖多，冰窖便每天挨家送冰。送来的大冰块，必须由打杂的在短时间内按照木制冰箱的尺寸把冰凿成块，放在木冰箱内要严丝合缝，太厚了放不下冷碟、冷碗，太薄了经不住时间就化成水，如果凿不好全成碎冰，就几乎无法使用。大哥琢磨了好久，没有求全之计。后来，在打磨厂看到石匠切石料用的锤子、凿子、铲子和其他工具，他受到启发，让父亲给他买了一套石匠的工具，开始观察石匠如何切割石料，边看边问。于是，大哥用石匠的工具和技巧凿冰，凿出的冰尺寸准确、薄厚均匀，铺上白布，冰箱内干净利落。包儿爷一看，大吃一惊，连忙喊后厨："给希荣做一碗肉丝汤饭。"包儿爷还到处显摆，让别人看润明楼的冰箱："你们瞧瞧，我们这打杂的砸的冰，这冰箱跟太后老佛爷的一样，多么规矩。人家孩子，是御厨世家。"包儿爷高兴，知道大哥为人老实，做事严谨，只是埋头干事，是个好材料，也有意多摔打摔打他。

除了砸煤和砸冰，大哥还逐渐开始杀鸡、宰鸭、吊汤。说到吊汤，其中清汤最难制作，要清澈如水，不能有丝毫混浊。当时制作清汤普遍使用白矾，汤中下入白矾后，颗粒开始沉淀，然后分层出汤。据我外祖父说，宫廷不用白矾，怕皇帝受病，只用一种“滤斗子”过滤。滤斗子里头是清洁的宣纸和丝绵，滤过的汤清洁如水，没有半点混浊。这种吊汤方法几乎没有外传，一是涉及皇帝饮食，二是成本高。后来，大哥在制作高档菜品时，如清汤燕菜，就自制了一个小型滤斗子，用其滤汤果然清澈如水，且口感极佳。这种清汤只为特殊饭座的特殊之菜提供。告诉饭座，清汤不用矾，全手工过滤，慈禧才喝过，饭座一听也是惊奇不已，以为其中定有奥秘。

再说回我大哥在润明楼。有一天，伙友饭吃馒头喝片儿汤，剩下一些面片儿没煮。包儿爷外出回来瞧见了，直发脾气：“吃不怕，不能剩，这样下去，买卖甭做了。”包儿爷问掌灶的：“谁做的伙友饭？”掌灶的没敢解释，赶紧说：“晚上还是这个，接着吃吧。”包儿爷说：“晚上是晚上，这面片儿搁到晚上就馊干了，能好吃吗？”此时，大哥在一旁没说话。

包儿爷说：“希荣你说说，做这么多面片儿干吗？”大哥一乐，说：“包大爷，您别生气，大伙知道您出去没回来，留着面片儿怕您吃不上饭。”包儿爷一听更生气了，说：“我出去没饭吃，也得给我来碗大米饭，做个过油肉哇。吃你们剩下的面片儿，我是谁呀？掌柜的呀！”大哥没说话，转身对头灶师傅说：“我去给掌柜的做点吃的。”

大哥曾经和九舅学过炒片儿，此吃食非一般二荤铺可以做出。先是将白面和成软硬适度的面坯，饧好揉透，切成厚条，手工揪片，这样的面片儿筋道。将面片儿下锅煮熟，沥干水分，过油炸成面把。锅下底油，炸葱、姜米，下料酒、酱油，点清汤，下盐、胡椒粉调口味，再放入里脊片、海参片、冬菇、冬笋，炒过打明油，装盘，撒韭菜段。这便是宫廷里曾经有过的炒片儿。包儿爷正一个人在他的屋里喝茶，大哥把一碗炒片儿、一碗酸辣汤端了上来，说：“包大爷，您还是吃几口点补点补吧，一上午不吃东西哪行啊。”说完把炒片和酸辣汤放在桌上，转身出屋干活去了。

下午一挑火，堂柜灶案就忙活起来，准备晚上的几桌酒席。包儿爷来到后厨，一挑门帘，就说话了：“希荣哪？”大哥忙说：“包大爷，您有事啊？”包儿爷说：“你还没上灶哪，你这炒片儿跟谁学的？”

大哥说："跟我九舅学的，他在春兴楼掌灶，炒片儿是他的拿手。"包儿爷说："这东西还真不错，咱们也添上炒片儿吧。"从此，大哥的炒片儿开始"上桌"。那时他还看蒸锅呢，不久后，便从了青升到帮案。其后，大哥又到景泉居耍手艺，在那里专做炒片儿，炒片儿也成了景泉居的一大名吃。

大哥的刀工好，特别是切肉片，无人可比。20世纪40年代，他曾被天津一个饭馆请去，专切肉片。那时，到过天津的朋友都说，天津广播电台经常播道："特请名师王希荣，专切牛羊肉片。"他也算上过电台的明星了。

有一天，楼上宴席是一家老少——老爷子、老太太、儿子、媳妇，还有姑娘，快散席的时候，提出要吃炮羊肉炒饼。润明楼虽不大，但也是"八大楼"之一，哪能卖炒饼啊？炒饼是饭摊或二荤铺的吃食，看起来简单，实际上很难做，饼硬了硌嘴，饼软了一锅粥，肉多了腻口，肉少了不香。特别是炮羊肉炒饼，几乎没人听说过。包儿爷左思右想，还真发愁。掌灶的也说："做不了，这是教菜活，别应。"可饭座又是半熟脸，非要吃不可，说是老爷子真想吃这一口，曾经在某处吃过。这时候，包儿爷想起了大哥做炒片儿的事，就问大哥："希荣，你肉片切得那么好，就做一个炮羊肉炒饼吧。"大哥说："这是教菜活，而且大多清真馆子也不做。我倒是跟九舅学过，要么先炒一勺试试，就怕不适口。”包儿爷说：“好不好的，总比拿不出来强啊。成了是你的，砸了算我的。”于是，大哥开始切羊肉。那时润明楼不卖涮羊肉，只是个别菜品用羊肉时需要切配。羊肉不是冻肉，只是先打好把，在木冰箱内镇凉。大哥平时手艺好，切成纸一样薄的羊肉片，然后用酱油、盐、香油、葱喂好。饼必须是四层薄饼，专门用于炒饼，普通家常饼不能用。起锅先加油，下葱、姜，滋酱油，再加清汤焖一下饼丝，稍软即出锅备用。锅放底油，调高火，下喂好的肉片爆炒出香气，待出汤后，立刻下入饼丝，勺里拌透，让饼丝吃透肉汤和香气，出锅前再撒羊角葱丝，装盘。跑堂的接过炒饼，便闻得喷鼻香。包儿爷尝了一口，吃惊不小，说：“希荣，你可真有点绝活。”炮羊肉炒饼送到二楼，很快传下话来，再要两份，老太太和姑娘都要吃。包儿爷一见此景，乐得合不上嘴，高声说：“希荣，明天起你上二火，别帮案啦。”

从打杂到上二火，大哥只用了不到两年，原因是他的学识和用心，真是“苦海学徒巧作舟”。巧就是不偷奸，不耍滑，是发挥聪明才智、潜心研究和学习。

折箩饭与伙友饭

如今，饭店、酒家的员工用餐称“员工餐”。旧时，庄馆的员工称“伙友”，伙友用餐则称“伙友饭”。一般人总认为，厨师吃饭必然是鸡鸭鱼肉随便吃。有句俗话说：“馋当厨子懒出家，不馋不懒种庄稼。”其实不然，不必说出家人一样需要吃苦、勤劳，就是勤行的厨师也未必能随意吃庄馆的鸡鸭鱼肉。

那时，伙友吃饭是有规矩的，一般庄馆的伙友饭根据自身经营情况和经济条件确定标准与吃法。早年间，吃“折箩”的比较多。“折箩”就是饭座吃剩下的饭菜，经分类选择，再蒸煮加工后制作成饭菜，用于伙友用餐。这样的伙友饭，每天总有差异。凡是饭座多、宴席好，饭后必然剩菜剩饭多、质量好，确实能吃到鸡鸭鱼肉，虽然是剩的，但往往口味不错，加之厨师有“回勺”的手艺，有时吃折箩确实很香。如果饭座少、散座多，所点的菜品档次低，好菜所剩无几，折箩就没什么油水了，有时甚至没什么可吃的。

如果折箩饭清汤寡水，掌灶的就必须做主添加材料，才能做出可吃的饭菜，这就得动用庄馆的油盐菜肉等原料。如此，标准不好掌控，甚至会出现“超标”的伙友饭，掌柜的瞧见自然要管理，还会引发东伙之间的矛盾。

后来，有的庄馆把伙友饭吃折箩改为“单开伙”，也就是每天规定伙友饭标准、米面油粮各支出多少。平时就是“大锅饭”，窝头、馒头、小米饭、大米饭，熬白菜、炒白菜，或加粉条、豆腐，还有炸酱面、饸饹面、荞面条等调剂花样。初一、十五或遇“三节”，可以改善伙食、提高标准，还能吃上炖肉、烙饼之类的美食。每天营业之后的剩饭、剩菜一律处理卖给商贩，商贩拉回去，按类别加工成不同的折箩饭菜，再卖给穷人和苦力，柜上每天还可以有卖折箩的收入。

以上两种伙友饭各有利弊，各庄馆的执行也并不相同，怎样让伙友吃得好一些，大都由掌灶的灵活掌握。处理好伙友饭，东伙协调，大家都好，买卖兴隆。所以，但凡内行的东伙能彼此心领神会地去解决，为此闹事的很少。

也有的东家或掌柜的管得严，整天窝头熬白菜，于是就出现明里暗里两种吃法，敷衍掌柜的和东家。如明着吃窝头，暗中吃馒头；明着熬白菜，暗中加炖肉。窝头吃不了，剩下就容易被发现，伙友们发明了用窝头代替硬煤烧火，可以使高灶的火特别冲。两窝头扔进去，火苗子腾腾地好使，炒菜也得心应手。似乎，东家里外并不吃亏。

在吃折箩和做伙友饭的过程中，伙友们也发挥了各自的“技术优势”，出现了一些“折箩美食”。伙友们发现，在宴会中菜品较低档的剩下最多，如炒木须肉便经常没人动筷子，但是木须肉中有肉片、黄花、木耳、鸡蛋，只要加一点儿口蘑，对上白汤，再一勾芡、打花椒油，就是一锅好卤，可以香香地吃一顿打卤面。还有，如果宴席中有大件猪肉菜，如苏造肘子、锅烧肘子、椒盐肘子、烤哈尔巴子之类的“硬货”，就必然剩下不少边边角角的肉头、肉皮和肉块，因为烧烤的肉品边角嚼着费劲，把这些剩货粗粗剁成肉丁，加葱姜米、黄酱、香油、团粉、酱油、香油拌成馅，便是地地道道的炉肉丸子馅，下锅一炸，煳香四溢，配上椒盐、卷烙饼，真是吃起来没够。另外，饭座剩下的扣肉、酱肉都可以改刀切丁，锅下底油，炸葱姜，点黄酱，滋水起锅，放白汤，加肉丁，下入剩饭，开锅撒青蒜段，整个一道肉丁汤饭。这种汤饭不但极香，且适合老人口味，不少文人墨客还真喜欢吃这一口。真正内行的饭座，都知道吃完扣肉剩一半做扣肉汤饭，是非常好吃的美食。由于刀工不同，剩饭菜也可做成肉丝汤饭，就是清朝赫赫有名的“千叟宴”中最后一道饭——“肉丝汤饭”。不少老人舍不得吃，连汤带水兜回家去，以显示“皇恩浩荡”和自家的荣誉。

我大哥和二哥分别在润明楼和海丰楼掌灶，可每年要有一定时间到致美楼帮父亲干活。致美楼善做鱼，特别是一鱼四吃在京城是很有名气的。由于每天用鱼多，鱼的下脚料就特别多，尤其是鱼内脏、鱼鳞，存放易变质发臭，垃圾量多。于是他们就琢磨废物利用。先是将鱼鳞选好洗净，放毛汤或开水中细煮，煮时加醋、姜和少量料酒，直到鱼鳞卷曲变软要化、汤汁浓稠时，过滤去渣，放在冰箱冰镇结冻，就是鱼鳞冻。鱼鳞冻可用醋、蒜、三合油拌吃，味道极好。用鱼鳞冻做汤，再放料酒、盐、味精，撒青蒜末，是极鲜的鱼鳞汤。鱼鳞汤最先用于伙友饭的高汤，后来还上了饭座的宴席。鱼的内脏处理就比较复杂，需要选择可用的部分清洗干净，改刀。锅上火，加底油，煸葱、姜末，加料酒、盐、少量酱油、醋和清水，放入鱼杂烧开，汆熟后点香油，装碗，便是口味浓香的鱼杂汤。后来，有不少饭座也点名要鱼杂汤，成了一道汤菜。

除了鱼，庄馆用料还有不少可以产生下脚料和副产品的。如鲁菜制作经常使用蛋清，特别是肉的上浆，多用团粉和蛋清浆，打制高丽糊（蛋清糊）更是使用不少蛋清。而蛋黄使用较少，每天都会剩余很多，只能是在伙友饭中吃掉。于是众人便研究如何将蛋黄吃得更好。在蛋黄内加入淀粉、白汤和油，明锅翻炒，边炒边加油滋润，直至炒出一种黄如黍米、半黏半散、香甜可口、不粘碗、不粘筷子、不粘牙的东西，众人取名“三不粘”。三不粘装盘后还撒上果料，再用青梅、红梅点缀，成了可以登上大雅之堂的名菜。此菜不仅其他鲁菜馆多能制作，即使是教菜馆如东来顺，在1947年就热卖“三不粘”了（当时有《北平旅行指南》一书，为马芷庠著、张恨水审定，其中记载了东来顺经营“三不粘”），如今，还在不少餐馆畅销，成了一道名菜。

润明楼当时善做鱼翅，但是鲁菜的鱼翅不同于南菜，只使用净翅针，而不用鱼翅上的翅肉，即翅根，于是翅根就成了下脚料。大哥他们便研究，将翅根洗净，切片斩丝，用毛汤煨制成翅根菜——烧翅根。鱼翅消耗多时便常可吃到烧翅根，众伙友每人一勺，放入米饭，成“翅根捞饭”。这种翅根菜一直没有进入宴席，因为北方食客总认为翅根是“烂肉”，必须剔掉，不能再入席面。但是，当今却有用鱼翅捞饭的，那是正经的好鱼翅，人们照样吃得很香。这种鱼翅捞饭与当时的伙友饭极其相似，真是时代不同了，人们的观念也变了。翅针、翅根都一样，都是从鲨鱼身上割下来的。知道这残酷的事实后，这类捞饭就别吃了。今天回忆，无非是了解一些旧事。

这些曾经表现勤行厨师聪明才智、展现他们的苦与乐的故事，已经成为过眼云烟，但有的伙友饭和下脚料饭菜，如今还能在烹饪界看到踪影，甚至还给顾客上桌品尝，逐渐成了正式菜品。

虽然父亲和哥哥们已经过世，但他们对厨行下脚料和杂烩的用心，他们将厨余“垃圾”变成美食的过程，一直深深刻印在我的心里。如今不少人，不知道珍惜资源和财物，胡吃海塞、铺张浪费，非常可怕。更有不少高档饭店、酒家，每天把鸡鸭鱼肉甚至鱼翅、海参都归于“餐厨垃圾”处理，如此暴殄天物，为何屡教不休？还是想想那些先人勤劳朴实的精神吧！

一碗炒肝

在饭铺学徒，既要受师父和师兄弟们的支使，还要受东家支使。我父亲当时在北京致美楼耍手艺，有大望京一位亲戚的孩子，名叫振东（化名），本想让父亲带着学徒，可是那时凡收徒弟不能有亲戚关系，连自己的儿子都要另拜别人为师，就怕因亲情关系致教导不严，成不了才。于是，振东到北京西四牌楼益昌勇学徒。掌柜的外号“大刀张五”（化名），行伍出身，脾气暴躁，爱打学徒，在他手下打跑的、打伤的学徒为数不少，凶狠之名莫此为甚。可巧，振东就倒霉，来到了张五手下。这孩子本来就胆小，学徒三年，所受之苦、所挨之打无言以述。他母亲也常找到我父亲那里哭泣，父亲总是说“不吃苦中苦，难为人上人”。

振东人很聪明，出师以前就学了不少手艺，成了半个手艺人，开始打杂。所谓“打杂”，就是“择葱择蒜砸烂姜，杀鸡宰鸭吊高汤”，凡是师傅不干的活，打杂的都要干。振东的手艺见长，可依旧不能上灶干活。于是他暗下功夫，偷看、偷学、偷练。那时大饭铺不做小活儿，如炒肝大都在包子铺、二荤铺做，若顾客非要不可，也会单独做。但是，炒肝用大锅制作味道要比单锅制作好得多，如同熬粥，单要一碗粥，几乎无法熬。内行的顾客不会点这类饭菜，可也有不讲理的，专门找别扭，不伺候就闹事。

益昌勇虽然是小馆子，但是楼上也有雅座。这一天，雅座里来了客人，大人、孩子一家几口吃饭，孩子不懂事，非要吃炒肝不可。跑堂的连解释带哄，也不行。家长看来有钱，是个小士官，炒肝始终没做成，谁也不敢做。张五不在店内，掌柜的做不了主，怕把买卖砸喽，临走送了一份包子，算是道歉。可小士官说：“你们这买卖还做什么，连炒肝都不会做？回头你们管事的回来告诉他，今儿晚上做好炒肝，送我宅子，再给你们结账。”说完，一甩袖子，走了。跑堂的连忙问清宅院地址，点头哈腰，答应晚上送炒肝结账。

张五回来，就是一通大骂：“你们这帮废物，堂柜灶案全加上，没一个能人，一碗炒肝得罪了顾客。谁头灶谁做，晚上让振东给人家送去，做不成，你们全解围裙滚蛋。”头灶也不会做炒肝，只能是大概其照猫画虎做了一碗炒肝，叫振东用提盒送去。众人准知道这碗炒肝是祸，那也得送。张五说了，用他的胭脂水大碗送。这可是火上浇油。胭脂水四开光本金大碗是店里的镇店之宝，那是同治仿乾隆的官窑细瓷碗，只有高档宴席才能使用，今天送炒肝，为的是给顾客赔礼道歉。于是，振东小心翼翼，挎着提盒，出了店门，送到顾客家门。人家先不给结账，进屋去吃炒肝。孩子、大人一起吃，果然味道不行，下水味没去掉，口蘑味没出来。那主人端起碗往桌子上一蹾，“啪”的一声，胭脂水的大碗就掉了一个大豁子，炒肝流了一桌子。钱没要来，大碗毁了，这就如同要了振东的命。回店一说，张五立刻急了，大骂：“小兔崽子，你是成事不足、败事有余呀。这大碗，卖了你也赔不起。”说罢，拿起一根棍子朝振东打去，劈头盖脸拦腰横抡，振东被打得头破血流，爬进桌子底下躲着。几个人连说情带遮挡也都受了伤。跑堂的努嘴叫一个伙计“三儿”，快去致美楼找我父亲王殿臣。

三儿从西四一口气跑到前门，见到我父亲说明情况。父亲正忙，没办法撂下手里的活儿去益昌勇处理“闲事”。此时大哥希荣正在致美楼帮忙，父亲便叫他去。因为大哥在行里人缘好、朋友多，大刀张五平时还怵他三分；再者，大哥手艺精到，特别是善做炒肝，对处理此事有一定帮助。大哥和三儿连跑带颠来到益昌勇，见振东还趴在桌子底下，张五拿着棍子喊叫：“你小子有能耐永远别出来，出来就是腿折胳臂烂。”大哥上前劝解道：“张大爷，我替我父亲给您道乏了，您还是歇会儿吧，别气坏了身子。不就是一碗炒肝吗？”张五一听，又急了：“希荣，我是你大爷，你不知道实情乱当好人，不是一碗炒肝的事，是他得罪了食客，还毁了我的胭脂水大碗，他赔不起呀，要了命啦！”大哥说：“张大爷，您也是京城有名的大家，却说这样小气的话。一只大碗就要了您的命啦？您的命也太不值钱啦。炒肝我做，大碗我父亲赔。还跟您说，您的大碗不是乾隆本朝官窑的，那是同治年小窑仿的，而且，本来就带两道大冲，俗话说‘瓷器长毛，不值一毫’，不信咱们到鬼市瞧瞧去，两块钱一个，做旧做得比您这个还像。为这个碗，您操刀弄棍的可有点寒碜啦！”众人也跟着说：“嗐，一个地摊货，不值得动肝火，您是什么人哪。这么多朋友来了，怎么也得端着点呀！”此时，端茶的，倒水的，拿手巾把的，连拉带扯，把张五劝到里间屋，便有人叫洋车拉振东去了医院。

张五此时气头已低，便点上“大前门”，一个劲抽，半天，喝了一口茶，说：“希荣，我不是不给你面子，这孩子实在要不得，我不是心疼碗，他连碗炒肝都做不出来，不打能成才吗？”大哥说：“炒肝确实是个俗菜俗吃，可咱们馆子里谁还做这样的吃食？益昌勇又不是二荤铺。那饭座就是有点为难人。你要是真想加炒肝，我今天就做一碗，大伙尝尝，绝不比天兴居的差。”此时，众伙友异口同声地说：“让师哥做一碗，咱们也开开眼，人家九舅屈老爷子就是炒肝包子的老祖宗，当年师哥给屈老爷子铺子掌灶，炒肝可是拿手。”张五一听要学炒肝，心神已动，叫伙计说：“你们别起哄，还不给你们师兄沏茶去。”

大哥上灶之前，问了原料、辅料，一概齐全。先是处理原料——特别是肠子的位置、刀工的粗细，加工清洗的盐、碱、醋如何配置；然后是配比香辛料——要诸香不露头；再是口蘑水——如何熬水、如何过滤，为降低成本，可使用口蘑渣或口蘑土；再到起锅——如何用香油炸大料，如何炸大蒜、使酱、对汤、放主料；接着是老干团粉如何勾芡，撒蒜泥出锅。大哥边说边做，整整勾出一锅炒肝。先盛一碗给张五，张五早就憋着加炒肝，今天一见手艺送上门来，乐得心里高兴，脸上却还端着，端起碗，喝了一口，立刻乐了，说：“希荣，益昌勇有了炒肝，买卖可好做啦，你回去谢谢我师叔，说过两天我去看他。”

这样，一场灾难才圆了场。几天后，大哥把修好的胭脂水大碗送回益昌勇。众人看了，惊叹不已，谁也瞧不出修补的岔口在哪。原来，父亲找至交朋友，托京城修瓷能手詹师傅花了十天，修补得毫无痕迹。张五看了，张口结舌。大哥对张五说：“师哥，我父亲托人修了这个碗，一是让你留个完整的碗，别再盛饭菜，当个样品摆设吧；二是改改脾气，别动手就打孩子，谁家没孩子，出家在外不容易，可怜见这些学徒了。”此时，张五也变得有了笑脸，说“还不是一时气头上”，转身对众人说：“你们都看什么？西洋景啊？还不雇洋车把振东接回来，不然，咱们蒸锅谁看哪？”

饺子就酒

1937年，卢沟桥事变，日本侵略者入侵京城。北平，这座五朝古都沦陷，买卖萧条，民不聊生。

为了维持“统治”，侵略者开始“治理北平”。一方面，他们继续实行残酷统治，各城门脸两侧的平房便是日军驻守京城的岗哨，日军每天在这里盘查行人，遇有疑惑，便施以残酷的刑罚。另一方面，日本侵略者又纠集旧势力以及地痞流氓，成立所谓“维持会”性质的组织，以配合日本统治者，管理京城、压榨百姓。兴盛一时的京城“八大楼”“八大堂”纷纷倒闭歇业，只有个别饭铺勉强维持，惨淡经营。

同福楼坐落在安定门内，北新桥南口路东（因去时年久，位置大致如此），本来经营已然困难，可维持会不让关张，为了彰显日寇所谓的“新秩序”，赔钱也要开门经营。大菜当然已经没人来买，而且原材料也极度短缺，每天只能卖点小炒、面条和水饺。日本军人爱喝啤酒，吃饺子，或是吃涮羊肉，卖这几样简单便饭的馆子尚可勉强维持买卖。但是，那时市面所花的钞票是日伪发行的“联合准备银行”伪钞，头天能买一碗面，第二天就成一根面条钱。买卖赔本赚吆喝，再加上日本兵三五成群，遛街串巷，到处骚扰商家和百姓，中国人有苦难诉，义愤填膺。

饭庄子卖的面条、水饺，原来只是宴席之后的主食，并不是庄馆菜的特色，也没有以此为招牌的庄馆。不过到了这种时代，大菜早已寿终正寝，就指着面条、饺子撑门面。于是，各饭铺就看面条和饺子的质量，以招徕顾客。饭铺的面条一般并不能和切面铺比，甚至不能和面摊儿比。那时，夏天专门有卖凉面的面摊儿，面是凉的，和面要加碱，称为“碱条”，吃起来不糟。面条煮好了，铺在竹帘子上凉着。打好肉片卤，热卤凉面，不用等待，买了就吃，吃完就走。日伪时期，人们即使外出办事也不愿在街面上逗留，唯恐出事，这种被称为“花卤面”的快餐面兴盛一时。有的还出点花活儿，捞面不用笊篱，伸手在开水锅里捞，以便出彩，招徕顾客吃面。

饺子在当时又被称为“煮饽饽”，是汉族和满族都喜爱的主食。到饭铺吃饭的日本商人和士兵比中国人多，但一般不会点菜。“蒸羊羔、蒸鹿尾儿、烧花鸭、烧仔鹅、炉猪、炉鸡、酱鸡、腊肉、松花、小肚、晾肉、香肠”这些贯口一样的菜单，日本人不用说念，听都听不懂。他们首先会说的是饺子；饺子就酒，就的便是“啤酒”。虽然发音不够标准，但跑堂的还是知道他要“饺子和啤酒”。

饺子不是哪家都可以做得好的，面皮要筋道，但又必须揉透。馅就更是个技术活了，俗话说“大戏听腕儿，饺子吃馅儿”，哪家饺子馅调得好哪家挣钱。同福楼的饺子馅那是出了名的鲜。据大哥说，多是他调馅。馅分三六九等，一般是猪肉大葱，讲究些的是海味馅——猪肉、海参、海米。猪肉要肥瘦搭配适当，瘦了发柴，肥了发腻。不打汤一个肉丸，不滋润；汤多了，兜不住，洒汤漏水。总之，调饺子馅绝对是功夫。同福楼的饺子直到日本投降以后我还去吃过，真是京城一绝。

同福楼的饺子好，招揽顾客，也招灾惹祸。吃饺子的人多，就会人多眼杂。那时，凡是戴箍的、戴牌的，吃饭多是不给钱，连戴“啤酒瓶子盖”的都要来蒙一蒙、混一混。跑堂的整天点头哈腰，还不断得罪饭座，不知道谁是什么来头。特别是日本人，虽然日本侵略者也装腔作势，摆出宪兵队管理部队、维持城市秩序，但日本兵依然肆无忌惮，横行霸道。掌柜的和伙友总想治一治这些日本“白吃猴”。还是跑堂的老张有处世经验，琢磨了好几天，和伙友计划了一个主意。

附近日寇驻军就有一个“白吃猴”，三天两头来吃饺子、啤酒，吃完抹嘴就走，一说结账，就龇牙咧嘴，习以为常。这一天，这个“白吃猴”一溜歪斜进了店门，点完菜后就坐下来等吃，吃完打着饱嗝站起就走。跑堂的赔着笑脸走近跟前说：“老总，您还没结账哪。”“白吃猴”一愣，冲老张龇牙一乐，算是给个面子，一面迈腿出门，一面说“记账”。此时，跑堂的和了事掌柜连同几个伙友一起上前阻拦。“白吃猴”哪里管得，挥手一拳打来，正打在跑堂老张脸上，鲜血立即从他鼻子里流出来，洒在脸上和胸前。了事掌柜的连忙掏出手帕要给老张擦血，老张却一头撞向“白吃猴”胸口，把他挤在门框上，鲜血就流到他胸前。老张转身腾出一手，往脸上一抹，满脸是血，看起来伤势凶险，加之“白吃猴”这一拳确实凶狠，头昏脑涨，站立不稳，一头倒在地上。几个伙友上前抬起老张，要去看病。老张说：“去宪兵队讲理。”于是，几个人拥着“白吃猴”，几个人抬着老张，过马路，直奔宪兵队而去。

宪兵队大门口有宪兵站岗，截住众人，问是何事。了事掌柜当时还能讲一两句日语，说是日本兵吃饭不给钱，还打伤了伙友。众人把老张抬进宪兵队，横放在地上。过来几个管事的宪兵，低头一看，中国人满脸满身是血，日本人胸前也是血，就明白，这绝对错不了，是日本兵打了中国人。大门外还围了几个看热闹的人，肯定会造成日本兵横行霸道的影响，为了维护所谓城市秩序，宪兵队不能不管，即使做做样子也得管。那管事的宪兵走到日本兵跟前，叽里呱啦说了几句，上手就打了“白吃猴”几个耳光，并叫人把他押下，然后皮笑肉不笑地“表扬”了众人。

事情就这样结束了。众人回到饭馆，给张师傅洗脸、上药，让他好好休息。从此，不但“白吃猴”再也没来过同福楼，其他混混来的也少了，以为同福楼和日本宪兵队有什么关系。

就这样，京城人民在日寇统治的水深火热中困苦挣扎。直到1945年日寇投降，一些买卖才渐渐恢复经营。那时，日本人在京城早已失去了霸气，如同过街老鼠，人人喊打。其实打的不多，横眉冷目咬牙切齿的不少。有个别日本妇女带着孩子上街，总是遛边走，生怕被人打了。当时，同福楼伙友们倒是并不驱赶打骂，时间一长，孩子饿哭了，跑堂的还端来饺子给孩子吃，这叫以德报怨。饺子就酒的事件，也成了历史的回忆。

爆炒冰核

旧时代，勤行是伺候人的，来客皆是官宦、富人，要么也是文人墨客，总之是既有钱财又有地位，连东家、掌柜的都不敢得罪饭座，更不必说厨子、伙计。但通常来说，厨子是内行，饭座是外行。老顾客或有交情的朋友来饭铺，一切好说，大都听跑堂料理或听掌柜安排，一般饭座也并不胡出主意，闹幺蛾子。所以，京城“八大堂”“八大楼”很少出事故。但是，几十年、上百年的经营，多少也会遇见个例外，饭座挑三拣四，点行里没人会做的菜品，难为灶上或故意找碴儿打架，就会闹出点“彩儿”来。此时，主要处理者应当是在堂口的“了事掌柜”，饭铺东家给了事掌柜权力，可以代表东家和掌柜的处理临时事宜。了事掌柜必须经验丰富、头脑灵活，还需要懂烹饪技术，在地面上交往宽广，五行八作、官商老客都混得脸熟，处理事故既靠手艺谙熟，还靠不少交情和面子。

致美楼的掌灶姓刘，因为嘴有些歪斜，外号“刘歪子”。刘师傅虽然貌不惊人，但是手艺了得，俗话说：“马不高头跑千里，貌不惊人有绝技。”我父亲在致美楼时，常对我两个哥哥说，你们要学刘师傅的手艺。但是刘歪子也有弱点，就是嗜烟、嗜酒无度，见了好烟、好酒，什么话都好说。

那年盛夏，京城暑热无雨，前门外刮风是“香炉”，下雨是“墨盒子”。众人热得望天兴叹，但老天爷就是不给一滴雨。卖西瓜、果子干儿、酸梅汤、雪花落的分外活跃，前门外东西两溜白布篷子，“冰激凌来雪花落”的叫卖声不绝于耳，卖果子干、酸梅汤的铜盏声混成交响乐，夹杂着电车的叮当声，使人更多几分烦躁。

致美楼楼下跑堂让客了：“几位楼上请！”几位饭座被跑堂的引上雅座，立刻，递扇子，拿手巾把儿，每位一盏酸梅汤。跑堂的擦桌子、让座，忙活完了，问一声：“各位，要点什么？现有燕窝、鱼翅、海参、鲍鱼。我们的特色菜烩两鸡丝、四做鱼——”跑堂的还没说完，饭座中戴墨镜的一位插话说：“说说冷荤冷碟吧。大热天，谁吃烩两鸡丝啊。”跑堂的说：“冷荤有水晶虾、水晶肘、马莲肉、鸡丝粉皮、蒜泥白肉。这么说吧，只要是鲁菜行里有的，您尽管点，保您满意……”那位“墨镜”是吃馆子的内行，一听，就觉着跑堂的话说大了，便笑了笑说：“‘八大堂’我都吃腻了，致美楼我知道，可头一回来，今天还真要开开眼。俗人俗菜，别的大菜待会儿另点，大热天，吃热菜出汗，吃冷荤肚子不舒服，还是来个‘冷菜热炒’吧。”这一句就把跑堂的问住了。跑堂的也机灵，赔着笑脸赶紧说：“您老真会玩笑，您老人家圣明，冷菜热炒？在满汉全席里也没见过。皇帝都没吃过，您想想，我们能做吗？”“墨镜”一听，哈哈大笑，说：“不是你说的，让我们尽管点吗？”此时，了事掌柜孙文吉已经听到了，赶紧上前一步，点头哈腰道：“这位先生，您多加指点，小店铺孤陋寡闻，要什么新鲜菜还得请您指点。”意思是把难题反交给墨镜，听他如何接下句。“墨镜”想了想说：“这是给我出难题哪，你们比我知道哇。要是菜名打我嘴里说出来，你们不会做，可就栽啦！”孙文吉赶紧说：“孔夫子说‘三人行，必有我师焉’，您这六七位还不都是老师。您想吃点什么新鲜的，只要是鲁菜馆子能做的，请尽管说。”“墨镜”听了一乐，说：“听你一说，你们比会贤堂还全和。那好吧，先来个‘爆炒冰核’，凉快凉快。炒好喽，我给鱼翅价。”孙文吉听了，脑子一炸，心说这回来了个吃凉不管酸的，脸上依旧笑容可掬，一面动脑子想辙，一面沉着冷静地转告跑堂的，知会后厨做菜。跑堂的喊道：“‘爆炒冰核’一份，要快呀。”

灶上正等着跑堂的发话，猛然间来了个“爆炒冰核”，连刘歪子都愣了，转身冲跑堂的喊道：“爆炒什么？”刘歪子还没醒过味儿来，跑堂的已经来到厨房，连招手带点头道：“各位别嚷，客人要吃‘爆炒冰核’，孙文吉答应人家，要什么做什么。做出‘爆炒冰核’，客人满意，按鱼翅价结账。”此时，刘歪子把炒勺一摔，围裙一解，没好气地说道：“这不是拿人耍‘鸣丢丢’（一种老北京民间木偶戏的土名称，流行于旧时北京胡同。表演过程中，艺人用一种口哨代替人物对话，因这种口哨发出‘鸣丢丢’的声音而得名——编者注）吗？哪位师娘教过‘爆炒冰核’，谁会谁做！”厨房里，你一言我一语，议论纷纷。掌柜的进来说：“各位别乱，今天就是空城计也得唱。刘师傅，您是头火，您不会谁会。今天我是赏罚分明，做出这个菜，一条顶球烟。不会，上二楼问王殿臣师傅，他做爆炒有绝活。”于是，这个难题就转到我父亲那里。掌柜的知道，刘歪子既爱顶球烟，又听我父亲的话，双管齐下，不怕刘歪子耍叉不干。

我父亲来到后厨，头灶、二灶、了青、帮案各就其位，听他说“爆炒冰核”：“我到致美楼已经这么多年，自从恢复苏点以来就没上灶。这菜还是刘师傅能做。我给刘师傅出点主意。一条顶球全归老刘。”大家一乐，就知道我父亲心中有数了，催着他快说。此时，楼上的压桌冷荤已经上完，马上要开头菜了。

父亲说，爆炒是做工极快的手法，主料可以上浆，如果是冰核就必须上厚浆，带半酥的薄糊，以便油热时只在主料表面加热，不会迅速传到冰核；挂浆后，将主料爆炒烹汁就可以出锅；但冰核是冷的，用鲜咸汁肯定难吃，最好用糖醋汁，挂糊浇汁后，整体凉而酸甜，口感爽快。炸好冰核，从挂糊、过油到浇汁不超过一分钟。父亲大致说过，从前做过爆炒奶油凉糕。

于是，让刘师傅准备材料，上灶试炒。刘师傅果然身手不凡，一点就通，只过两次，就做得干净利落，不洒汤、不漏水。只见他拿起冰核碗，挂糊，过油，浇汁，翻炒，装盘，然后还撒了一把果料、青红丝，装盘后如同抓炒大虾，颜色鲜艳，造型饱满，色正透亮。跑堂的一声喊：“‘爆炒冰核’来了！”三步当两步就跑进了雅间。“墨镜”正在吃南煎丸子，放下筷子瞧了瞧这盘“爆炒冰核”，扑哧一乐，说：“开个玩笑，你们还认真了，尝尝。”拿起筷子，夹起一块刚要入口，跑堂的说：“留神，嘣牙，这可是冰核，不是糖醋里脊。”“墨镜”吃了一口，咂摸滋味说：“酸甜可口，透心凉啊。大家都尝尝，好一个致美楼，名不虚传哪。”众人你一口我一筷子，吃了个道光的盘子——见底。

当然，掌柜的也没让饭座按鱼翅结账，就算大热天的一道送菜。于是，“爆炒冰核”圆满结束，云行雨施天下太平，大家一笑，成了朋友。“爆炒冰核”从此传了出去，还真有人到致美楼专吃这一口，无非是朋友间闹个热闹。后来，冷食制作更加丰富，便将此菜品发展成爆炒雪糕、高丽雪糕等。刘师傅没少拿顶球烟。

后来提起此事，大哥说，烹饪手艺是很有规矩的，不能胡乱改革。可是，任何事物都有发展的机遇，感到无路可走，便要非改不可，或许能逼出一条路来。但无论什么新手艺，都必须有坚实的基础，二把刀厨子冷不丁绝做不出“爆炒冰核”来。再后来，我还真吃到大哥做的“爆炒冰核”，果然是别有滋味。

菜谱和药折子

早年勤行的厨师一般读书很少，有的几乎就是目不识丁，皆因都是苦出身，但凡家境可以，都不会入这行受苦。所以，厨行传授技艺大都是口传心授，一般没有文字记载和秘籍相传。但是，厨师之中也有个别上学念过书的，如大哥希荣读过“四书”，便是其中的秀才了。还有各庄馆的账房先生必是读书识字的，也似本号的“师爷”一般。早年勤行传下来的文字资料大多是只有菜名的菜谱，便是以上这些识文断字者所留下来的珍品了。那时，人们习惯用“折子”保存资料，不仅勤行，“五子行”大都如此。只有戏曲界因有文人参与其中，所以有脚本流传。

笔者所录致美楼的菜谱原件，都是当时经营中所制写的，而非后人誊抄。笔者父兄皆是勤行，包括母亲的娘家人、祖母的娘家人，不少都是，可谓勤行世家。这也与勤行“子承父业”的习俗有关。父亲和哥哥很注意收集勤行的资料,家中不断积蓄了一些菜谱和文字资料,但比较零散,不成著述。在我的记忆中,母亲的连三柜、拜匣和抽屉中放有不少父亲留下的相关物品,其中最多的是折子,也有少量的手抄文稿、册页和当时“八大楼”“八大堂”的名片,还有的将菜名和相关菜谱文字写在书籍的扉页、天地和空白处。早年我在家读书,由于经常无钱买纸练字,便常在大哥收集的一些册页和折子的空白处写字、画图,绝没想以后还有什么用途。

这些物品中最多的便是菜谱,有的菜谱只有菜名,没有任何说明和做法。而只要有菜谱名称,各种做法、席面都便不在话下。晚清到民国时期,京城庄馆兴盛,从御膳房到各个庄馆以至于饭铺,菜名几乎没有叫乱了的,也没有三天两头改名更新的,更不必说胡做乱炒了。据大哥说,那时学厨是口传心授,技术传承大都比较准确,徒弟们也不敢擅自革新,革了新,行里也不认可。一部菜谱就是一把尺子,能让所学所用者循规蹈矩地做出像样的菜来。那时,行里极其反对在菜谱中写出主料、辅料、调料的分量多少,认为这样把菜“炒死了”。如今想来,不是没有道理。

中国的烹饪技术和技艺比较复杂,是一种完全由掌勺人掌控多种要素的复杂过程,无法写出标准化的程序，因为每个人所用的灶具、厨具、主料、辅料都不是标准化的。人的感知如视觉、嗅觉、触觉、味觉也有差异，无法用标准化的程序去控制烹饪过程，制作出完全相同的菜品。大师在炒菜的瞬间调动了本人极其敏锐的各种能力，可能会控制无法计算的数量级因素。在人类长期研究大脑的积累成果中，所能揭示的理论不到万分之一。当然，这是对高档饭菜的要求，对于食堂的大锅饭或小摊的简单便饭，使用标准化烹饪可能会使饭菜质量相对稳定。

以上所说，只是阐明当时在学徒和技艺传承中为什么重菜谱传承而轻复杂过程的定性、定量资料。菜谱传承中也包括个别细节的传承，特别是特殊辅料、配料使用的数量分析。因为这些内容会明显影响菜品的质量，稍有差错，便会使菜品失去特色或滋味。如今，这些内容总是被称为“秘籍”，其实，当年只有武术界有“秘籍”这一说法，勤行根本没听说过。烹饪界对菜品制作中特别重要的关键只简单说是“偷手”，就是不容易被别人学到的秘密。有的师傅将这些内容单写在一个册页、折子中，或在书籍的夹缝中。学徒不经过师父同意，不能擅自偷看，更不能传抄，一旦擅自传抄师父的秘方，便是“欺师灭祖”，必受极严厉的惩罚，甚至会被逐出师门，永不能再入勤行。我也曾见到父亲、舅舅和哥哥在书籍上记载的秘方，包括苏造肉的苏造料配方、香白酒投料的配方、白水羊头香辛盐料的配方、烧羊肉香辛料的配方、烤鹿方的香辛料配方、九转大肠的投料配方等。后来在恢复这些菜品的制作中，这些配方都起到了关键作用。

在众多菜品资料中，公开传承的多是以菜名为主的菜谱。但一般学徒必见菜谱的原件，如现在要学致美楼的菜品，不是看书和资料所记载的菜谱，也不是某人的手抄菜谱，必须是当年致美楼的菜谱原件，才可学徒拜师，此也称“不见真佛不烧香”。这不是封建迷信，而是学习技术，要追根溯源。如今有的酒家总想借老字号传名，打出老字号牌匾，但并未见过该字号的真菜谱，只凭参考书籍、报刊、大师的传抄等，此种做法很难做出原汁原味的东西来。

当年的厨师一般文化水平都不高，但是却很重视菜谱传抄的质量。师父会告知徒弟，菜谱的字好不好是对行业的敬与不敬。我家留存下来的大部分菜谱是当时致美楼一位先生为父亲所抄写，其字迹多为行楷，笔力隽秀，极见功夫。后来又有父亲自己所抄写的，也有小舅陈明所写，再后有大哥抄写，各类笔迹不一，可以看出传抄的历史变革。如此珍贵的菜谱当初并未过多重视，及至改革开放后所剩无几了。

另一需要提及的是，大部分厨师的菜谱都是双面抄写，一面是菜谱，另一面则是药方，如跌打损伤、刀伤、火烫、腰腿疼痛、暴发火眼、小腿转筋、头疼脑热等。这些药方俗称“偏方”，所能治疗的无非是上述厨师极易患的疾病。据母亲回忆，父亲、舅舅和哥哥们、学徒们都因厨房工作受过伤、得过病。大哥刀剁了脚，二哥开水烫了腿，都很严重。当时的厨师生活在社会最底层，遇到疾病，根本无钱医治，又不能有病就歇工，所以必须自救。厨师有病全靠师兄弟或师徒互相帮助，寻偏方，买小药去医治。药方成了“大夫”，家中就成了“医院”。

还有一部分传抄的药方不是急救之药方，而是治疑难杂症的偏方。这些偏方一般都是内行医家所开，有“四大名医”的，也有太医院传出来的，还有大家祖传的药方。此类药方一般组方复杂，药理明确，是符合医家通过望、闻、问、切，四诊、八纲、虚实表里、阴阳五行的行医过程所开出的方剂，不是卖野药的偏方。它们的使用也极有规矩，必须是在病家苦求无路的情况之下自愿使用，看无生命危险，方可用药。这些偏方除了为厨师群体所用，还有传抄救人的作用，也确实急救了不少穷苦无奈的伙友和亲属。父亲在长年积累之后，精选了不少疗效明显的偏方。

偏方自治小病可以理解，为何还要传给他人使用？

这里还有一个缘由。据母亲说，从事勤行几乎无法避免杀生，每天鸡鸭鱼虾等欢蹦乱跳的生命在厨房被厨师宰杀，制成菜肴，吃者不觉，杀者自觉天天负罪。因此，厨师无奈，便设法以用偏方救人的做法弥补过失。

据外祖母说，外祖父有不少折子，也是双面各记菜谱和偏方，且他的偏方均为“大方剂”，据说出自御医之手。御医和御厨皆在宫中，时日一久，便互相成为共事或友人，所以在医术和厨艺上会有所交流。只要不是皇帝的秘方，出自御医的药方也无甚禁忌。外祖父传给父亲的方剂，有的是一般厨师绝对得不到的秘籍，因此，找父亲求药方治病的人便日渐增多，且治愈率相对要高。我亲自研究过父亲的药方，并且与熟识的医界大家有过交流，大家也说其药方确实不错，很有太医院的风范，绝不是街巷百姓所传抄的偏方。其中，以治妇女胎前产后方应用最多，也很见效。直到我父亲故去多年，不少亲朋还在寻觅此方以为治病。还有一治半身不遂方，君臣佐使二十几味，解决了缺医少药、困苦无奈的穷苦伙友治病之难。

但是天有不测风云，一次，一位朋友的父亲，我们皆称“高爷爷”的，患半身不遂，托人求父亲使用药方抓药。此药调养大致分为三步：第一步主要是化瘀通络；第二步是养心安神，调理气血；其后才有强筋壮骨，下床活动。

这位病人在吃过药之后依然口眼㖞斜、肢体麻木，或觉病重，他家哥俩着急，感觉病危，到段上报了警察。警察说父亲是“无照行医”，要抓他进局子。还是大哥独当一面，反复说明给药过程，段上给出三天时间，如若三天依然无效，即时抓人。这三天，大哥在病人家中侍奉汤药，调理饮食，照顾患者。第四天，病人居然坐起来，睁眼说话了：“希荣啊，怎么你在我家呀？”大哥笑笑说：“高爷爷，我不在您家，就进局子啦！”第五天，高家俩弟兄提着饽饽匣子去看我父亲，进门就磕头，说是晚辈不懂事，得罪了救命恩人。父亲拉他俩起来，又给了一丸牛黄清心，说往事别提了，回家伺候好你爷爷吧！

这次出事之后，外祖母和母亲都劝父亲别再传药方治病了。那次父亲也急得病了一场，回家歇工几天，把所有折子堆在院中，一把火送上了高天。从此，家中再也没有来求药方的人。那些多年积累的膳单、菜谱也一并付之一炬。

还是大哥心疼，偷偷藏起了部分折子，秘不告人，事过多年，才作为对父亲和外祖父的怀念，拿出来给母亲和家人传看。此后，又是几十年沧桑，如今留下的只有几件残缺不全的折子，依然一面是菜谱、另一面是药折子，保持着当年的风貌和岁月留痕。

王殿臣菜单集

王殿臣的菜谱兼药折子

勤行的朋友与行帮交结

旧时社会，五行八作，鱼龙混杂，无论身在哪个行当，都跳不出社会的壁垒与网罗。从业者就如跳进深渊，还要以深渊谋生。这些深渊自然有生路，不然人们也不会舍身去跳。

·勤行的“行帮”江湖

民国早期，五口通商之后，南方的商业开始繁荣，多行多市、多业多帮，当然还有一业多帮的。如茶业有“本地帮”和“客地帮”；勤行有各地方菜之帮，如鲁菜、粤菜、湘菜、川菜、徽菜均可称“帮菜”。其中，鲁菜又可以分出“胶州帮”“济阳帮”之不同。

各行、各帮皆有行规、帮规，用于规范商业行为的进退高低、原则底线。再下，到了庄馆之内，还要分帮、分派。在一个饭庄，便有堂、柜、灶、案，细分还有蒸锅、了青、帮案、打杂，从掌柜到掌灶，从跑堂到了青，从蒸锅到打杂，每个人都按照横七竖八的“帮位”“帮线”行事。正所谓“无规矩不成方圆”，规矩，保证了勤行的菜品质量和行为统一。就京城庄馆菜而言，那么多鲁菜馆子，年年月月，从不会越行规“乱炖”，也没有哪家与其他行帮去“融合”，打出自己的新菜。尽管“八大堂”“八大楼”都有同一种名菜，可能在滋味、口感上各有特色，但是绝不会把一个“烧烩爪尖”做成“烩肉皮酱”。

“行帮”其实也是江湖，但是勤行与一般江湖不同，入行者大都是家境贫寒的10多岁孩童，为人处世皆无定向。江湖便是大海茫茫、汪洋一片，靠什么求生？俗话常说“在家靠父母，出外靠朋友”，靠朋友，就是靠一个“帮”、一个“派”的，而脱离了“帮派”，则是孤苦伶仃，四顾无人。其实所谓“帮”，就是一帮人结为团伙，为共同利益而生存，互为依靠、互为帮衬。在旧时代的江湖里“下海”，各类“帮”的作用毋庸置疑。

·勤行“师徒帮”

“帮”有大小。“大帮”是为有头有脸的人所建，如“行帮”“地域帮”。但那些“大帮”，一般都与学徒们干系不大，所以这些孩子就开始立自己的帮，最常见的是“师兄弟”。因为拜了同一个师父，便由师父牵头，自成一帮，或叫作“师徒帮”。

师兄弟组成的“帮”，“帮主”显然就是师父。勤行的师父由于其个人秉性和手艺的不同，差异也很大。有的师父对待徒弟如同自己的孩子一样，身教言教，取长护短。护短本不是好事，可是对于为求生存混饭吃的孩子，遇到个坎儿，有师父护着，那可就是有了护身符一样。

师父护短，并不是对孩子的缺点一味护着，相反，在孩子出事之后，师父第一个出来教训徒弟，应该如何、不应该如何、以后如何，要说透了教训之话，该打的也要比画比画，打两下子，但却不是真的打、往死里打。这样把该说的话全说到了、该做的全做到了，其他同行自然也就没什么话好说了，甚至还会过来劝解：“行啦，说几句得啦，一个孩子，哪有不出错的，知道错就行了，别没结没完了。”这样，徒弟犯错的事在公众面前也就算过去了，即便掌柜来，也不再说什么了。这就是师父的“护短”。

经过如此教育之后，徒弟不但对师父有感恩之情，也明白了自己的短处所在，之后绝不会再犯同类错误。我的父亲，每把一个孩子交到师父手里，都会跟师父说：“该说就说，该打就打。”可是父亲本人从来没打过徒弟，倒是有时别人打自己的徒弟，他却和人家真急真闹起来。

俗话说“侯门深似海”，其实勤行又何尝不是如此呢？勤行不但苦，而且悬，跳进去，就是棵稻草也要抓住。实际上，在勤行这个江湖混饭吃，必须懂得要抓什么。

· 柜上干活，家中学艺

师徒情分团结了一帮学徒，师兄弟的力量也是维护自身利益与安全的要素之一。而且，师兄弟之间还可以互相学习手艺。师哥们有时集结到我家，或是给师父、师娘过生日，或是因其他事项聚在一起，午饭便是大家分工下手，不用母亲操心。其中必有一两个掌勺的借此传授手艺，必要边做边说，如何备料、如何改刀、如何配菜、如何起锅，直到出锅装盘，都要说出门道，求得众人赞赏，之后一起品尝。父亲只是看着大家玩耍一样，并不指导什么，有时也会“点赞”两句。实际上这是属于“门外求师”。什么意思？就是不用饭铺的原材料，不占工作时间，另找地点开灶，师兄弟一起切磋手艺。柜上干活，家中学艺，不让东家说话，不让伙友非议。

这种切磋是旧时勤行学艺的一个特例。记得那时，凡三节两寿，便会有父亲的徒弟、哥哥的师兄弟们来家聚齐，各自还带来鸡鸭鱼肉之类的。说是过节、祝寿，同时也是师兄弟们聚齐聊天、学艺拜师。一般由大师兄拟好菜单，各自分工，了青准备。师父和师母坐在外屋喝茶谈天。这种聚会，一是轻松，没有饭座干涉；二是手艺放松，没有顾虑；三是守着师父，不会出格；四是聚众“闹事”，可以集思广益，比较深刻地体会烹饪过程中的分寸掌握。而“饭座”们全是内行，几句话点到为止，就可以使他们大有长进。这些都是在买卖家无法进行的。

·学习古人，结拜金兰

勤行自然也有“严师出高徒”的说法。有的师父脾气不好，徒弟略有差错，上手就打。如果是真心教育孩子，一般徒弟能理解师父的真心，也就不在意挨打之苦。有的师父则是拿打徒弟显威风、出气，不仅徒弟绝对学不出真本事，师父在勤行里也不得人心。

还有些师父把徒弟往死里打，有徒弟因此投河觅井出了人命，这不是真正的师父，买卖也不会兴盛。

死者的家人父母，一般无权无势，投诉无门，出手者就认为“一死了事”。其实不然。除了师徒这个群体之外，勤行还有其他“行帮”可入，如果这个孩子入了其他“帮派”，有把兄弟，这些人也会出来较个真儿，打人者依然会惹出麻烦。

这个其他“帮派”就是通过“结义”，以“义”为纽带联系人群的社会群体。所谓结义，就是结为异姓兄弟，称为“金兰之好”，以义气而结伙，以为生存依靠和混世谋生之道。

按照一般规矩，学徒期间不能听戏玩耍，但是听评书却极为方便。一般店铺门前都有“匣子”（指“收音机”），每天播放曲艺、评书之类，所以勤行普遍爱听评书。由于学徒总是处于人生的低势和苦难之中，听行侠好义的故事便很能提神，如《大八义》《小八义》《三侠五义》《七侠五义》《小五义》等。在勤行，提起那些义士、侠客，无人不知，那些肝胆相照、行侠仗义的故事，吸引着这些苦人，他们极为羡慕古代侠客义士，便也结拜金兰、三五成群，似乎有了一些依靠。结拜之前的师兄弟们，一般师弟称师兄为“师哥”，师哥则称师弟的名字，如希荣、希华、希富等；结拜之后，便互相称兄道弟了，如大哥、三弟，更近似一家。人们相信结拜金兰比一般的师兄弟关系更加密切，“有福同享，有难同当”，还要对天明誓，以为监督，这也是当时勤行很流行的结拜形式。

学徒们结拜金兰，一般在年龄较大时才有可能被行里和社会认可，太小的则一般都是在师兄弟之间活动。结拜盟兄弟与师兄弟必然有所区别，前者的集结范围超出了师徒集结的范围，有助于出师后进一步独立发展。而对于那些不顾徒弟死活、一再残酷打骂的师父，盟兄弟们就可能会对受难者出手相助。结拜金兰还要照顾彼此的父母、妻子和孩子，这就会在人与人之间形成经济的互助。但是，这种关系一般是在已经出师之后的伙友之间产生，这时他们已是成人，心思成熟，路途宽广，交际深厚，可以有力量担当。

结拜金兰时，大都有照相留影纪念，还有结拜的“盟帖”，作为纪念与凭证。

· 师徒与干亲

勤行的人际关系也算是比较复杂了，除师兄弟、把兄弟之外，还有一种“干亲”。干亲的辈分很像师徒，但却不是师徒，而是父子或父女。这类现象在曲艺界也有不少。那时干爹不在可以拜师之列，这是由于干爹本人没有师父传承，即使收了徒弟，往上续不出辈分，找不到传承老祖，类似曲艺界的“海青”，一般就不收徒，关系密切或特别喜爱某个孩子，也可以认为干亲。这种关系可在行里，也可以在行外，并不受行规限制。

民国时期，勤行的个别庄馆设“女招待”，有的女孩便有干爹，但是却不在店铺之内，甚至在行外。但在行外的干亲，一般也和庄馆的东家或掌柜的有些许干系。一般的女招待都是以接待饭座吃饭为主，类似当今的服务员。

一般庄馆的女招待可与伙友为兄弟之称，但是在伙友间结拜金兰，还是男女分开的。越是女性，越有个性与骨气，不会与饭座逾规越矩。我当时年纪小，到饭铺去找父亲、舅舅或哥哥，多有伙友热情接待，进门先称“师弟来啦”，然后就问“吃点什么”，摆上单桌，上干炸丸子、扣肉、糟熘鱼片、软炸虾仁等我爱吃的家常菜。如果是女招待，大姐过来抱起我就走，出去吃炒肝、包子，看电影，依然有一种家人的温馨。

后来我在大哥的书柜里看到不少古书，也有当时的流行作品，其中有言情小说作者刘云若的《春风回梦记》和《旧巷斜阳》。《旧巷斜阳》文笔朴实无华，但却极为深刻动人，描写的正是勤行的旧事。其中描写到勤行的女子，显示了她们的聪明、勤快，也讲述了勤行带给她们的苦楚与无奈，以及伙友、饭座彼此间的关心、惦念、支持与救济，十分感人。

旧时的勤行是个沾满血泪的苦行当。学徒从十几岁离家入行，便痛遭世态炎凉，是一部血与泪的历史。每当父母来看望，都是彼此相望落泪，不敢有一点声张。这里回忆的是这些聪明的勤行人，如何利用人际关系在江湖中求生与共存，学习技艺、掌握手艺，闯出自己的人生路。勤行与世朝朝代代，碌碌坎坷，练就了炉火纯青的手艺与人才，薪尽火传。

正是：

煎炒烹炸技超人，苦乐江湖共一群。

也有师徒同奋进，也有兄弟在同门。

三更未睡遭棍棒，五更煤担压断筋。

结罢金兰呼天地，勤行旧事泪沾襟。

师徒的技艺传承

勤行在旧时为厨行的代称，也是“五子行”之一，这“五子”包括厨子、戏子、堂子、门子、老妈子，是旧时代认为“下贱”之行业，还有将“痞子”也纳入其中的。

勤行人的旧事多是苦不堪言，一是辛苦劳累，熬人；二是没地位，经常受气、受委屈，但凡家境尚可的，不会让孩子去学这个手艺。勤行学徒都要写《生死文书》，即学徒的家长必须和东家订好协议，除一般条文外，另加：在本号学徒投河觅井概不负责。可见当时的勤行学徒连生命都无保障。这些年仅十几岁的孩子每天就在挨打挨骂的恐惧中生活。尽管勤行如此残酷，但也发展和维系了几千年，其中还出现了不少聪明灵巧的学徒，在这最底层的苦难中练就了一些烹饪高手。

提起师徒关系，如今是一件很难说清楚的复杂话题。自古皆知“师徒如父子”，师徒关系被肯定为深若亲情。虽然也有师徒反目、对簿公堂，甚至到了大打出手、拔枪弄刀地步的，但到如此境地的毕竟是少数，一般人对亲授技艺的师父必然会是恭敬尊重的。

勤行师徒的类型不少。彼此毫不相识，猛然到来学徒的，总是少数；大都是家境贫寒到无路可走，投亲不认，访友未遂，拐弯抹角来到勤行，掌柜的收下也是积德行好。新来的学徒先在后厨打杂、扛货、砸煤、搬桌子、扛板凳、倒炉灰、拉脏土等，应名有个师父，只不过多一些师父给的技术活。

如果在师父家中学徒，便是看孩子、扫地、挑水、烧火、熬粥等。为什么不做饭？不会呀。在家侍候师父、师母和孩子，谈不上学技艺。遇到师父心善，能吃饱、穿暖、少挨打，不然这三年过不去，就有投河觅井的。

如果学徒到饭铺，也许会好得多，守着一群师傅，整天是丝儿熘、片儿炒、烧鹿尾、爆三样……可这些活儿也都没他的事。甭说动手做，连看都不行。他要受累三年零一节，才能往灶上走一步，开始在饭铺打杂。这就是最难熬的日子。旧时的师徒关系就如主人和奴仆一样。但是，挨打的多是小饭铺学徒，有的掌灶的就是开饭铺的东家本人，里里外外没人能管得了，打起学徒下狠手，有时真会出人命。其实，那也根本不是什么师徒关系了。如果在大庄馆，遇到手狠的师父责打徒弟，下手重了，旁边自然会有人劝解：“打两下得了，孩子小，不懂事。给师父赔个不是行了。”这时，师父要懂得“下台阶”，说：“要不是各位叔叔、大爷劝，非把你打残了不可，快谢谢人家吧！”徒弟谢了周围各位，事情也就算过去了。如果这师父是个蛮不论，继续打，就会有人说话：“还打呀，不让我们干活了，打出人命来让我们作证啊！”这话一说，打人者必然会收手。不然，众人就会撂家伙，没人炒菜，顾客全搁那儿等着，楼上楼下叫菜，闹出事来，打人者兜着。

如果入行有人介绍，且是勤行出身，父兄亲近就在“八大楼”供事，或掌灶，或了青，入行所指定的师父必是父兄的结拜或伙友，此类学徒大都入手较快，虽然也要打杂受累，但是时间短、受气少、上手快。有的自幼在家就学过，比如我大哥希荣，一入行就能“四抓炒”“四大酱”“四做鱼”，掌柜的一瞧就高兴；认了师父，立马就是师父的助手，乐得师父有时间抽烟喝茶。这类师徒一般关系融洽，能结对成名。但这毕竟是少数，多数是按部就班地走完学徒之路，该吃的苦要吃够，该挨的打要挨够。

学徒自然有不少规矩，为了东家，要尽力去干活挣钱，给予店上经营之利；为了师父，就是不能让师父徒劳费心，要对师父报恩和供养。“师徒如父子”，除了表达一种无所不如的亲密，还有对徒弟的约束——要像对待父亲一样对待师父，这不但包括今后的奉养责任，还包括无条件听从师父的教导。没有这一条，学徒则成了“白眼狼”，双方的利益所得不平等。徒弟沾了师父的光，学了手艺，转身就忘其恩；而无条件听从师父教导，可以使技艺传承不走样、不变形。所谓“传道授业解惑”，“传道”包括对徒弟德行品质修养的要求，即如何做人做事；“授业”是要求徒弟学习烹饪技艺，练出行中手艺，以为谋生的手段和立人的根基；“解惑”是解答徒弟之所不知与不能。综合起来，便是将传统技艺全面、准确地传给徒弟，使行业在发展中代代相传，不变颜色。把师徒关系看成行业生死存亡的大事，这也是当时勤行兴盛百年而技艺并不变形的根源。

确实有亲如父子的师徒关系，那些真心要培养自己徒弟的师父，会在不少方面给徒弟留机会。这在勤行中往往传为美谈。有一种传授方法是“留活茬儿”，师父在做一道名菜时，一般不让徒弟上灶，但如果想让徒弟在制作关键点上到灶上观摩，就得临时叫他办事。比如做焦熘丸子，炸完了物料，要炒汁打芡了，急忙叫一声：“小六子，粉彩开光八寸盘儿！”徒弟以送盘子为由，就可以看到如何下底油，如何起锅、兑汤、下作料、勾汁打芡、投料、翻勺、打明油、撒韭菜段、装盘。为了让徒弟尝到口味，师父必然在灶上准备小布碟，装完盘，故意在锅里多留汁芡，用手勺刮在布碟里，说一声：“芡汁宽啦，拌面吃吧！”这是给徒弟留下芡汁用于品尝学习。如果不是师父偏心留芡汁，学徒的只得在顾客吃完饭撤盘子时用手抹一口尝尝味。

有人对此不以为意，“这太落后了，学什么手艺呀，舔盘子呀”。没有多年烹饪经验和体会的“二把刀”，常把烹饪说得易如反掌，“不就是炒菜吗？没有三天的‘力巴’”。其实，正是这些二把刀，不但自己学不会真本事，还到处显摆能耐，误了自家，连别人也给耽误了。

有一句学手艺的俗话——“横七竖八五十六”，说的是一种技术横着看有七个要点、竖着看有八个要点，合在一起便是五十六个要点。不是真有本事的师父，不会教你到如此地步。比如炒菜，火候可以分为旺火、中火、小火、微火四种状态，还有主料四种、辅料四种、调料四种，将这十六种烹饪因素进行不同的排列组合，互相影响，矩阵相乘，会产生二百五十六个结果。一个厨师烹饪一道普通火候菜也就是几分钟，最多十几分钟，在如此短的时间内，要把两百多个因素的互相影响掌握到一个准确结果，不是靠当时的思考，而是靠经多年训练在潜意识中存在的感觉来支配行动。这一口汤汁便包含着这些复杂的技术。师父传授，就是要徒弟经过训练找到与自己相同的感觉要素，用于控制烹饪操作，才能做出与自己基本相似的菜品。实际上是要把技艺通过训练进入潜意识状态，那就真正是“手到擒来，得心应手”了。

过去勤行师徒之间的“拜师礼”与当今所流行的并不一样。刚入行的孩子一般也就十几岁，文化水平低，社会经验也浅，师父不愿兴师动众地行什么拜师礼。通常是家长把孩子带来和柜上见面，柜上给孩子指定师父和岗位，也就是带一些随手之礼，一包点心、两瓶烧酒而已。只有到了三年零一节能够出师的时候，才可以办个拜师礼。

现在有的是为势力而不是为实力来拜师的。徒弟百嘛不会，就要拜师，大礼相送，跪下磕头，膜拜泰斗，记者、媒体一片呼声。仿佛磕了头，孩子成了泰斗之徒，立刻就名扬天下了，其实，可能连个高汤卧果还不会做。这样看来，当年的勤行，人还算是实在。

（插画 / 郑莉）

厨房江湖的秘籍传说

不少行里人经常说，师徒之间有所谓秘传。这在小说、电影、电视等文艺作品中到处皆是，神秘无比。为了一个所谓的“秘籍”，两派结下冤仇，以致几代人打斗厮杀。那掌握“秘籍”的大师，手若行云流水，炒菜时火光冲天，飞身上下，闪转腾挪，大有侠客风度，做出的菜品龙飞凤舞、百花齐放、彩蝶纷飞、祥云缭绕。

曾经有几位朋友找到我，希望能得到勤行的翔实资料，要撰写巨著或电视剧本。那时我也是单纯，以为这些大手笔可以将中国烹饪炉火纯青的技艺搬上银幕，也给他们讲了不少勤行旧事。可是后来有的真写成了武侠小说一样，有的还一再要我说出秘籍，终是没有成功。实实在在地潜心研究技艺、悉心梳理烹饪的原理和层次者，寥若晨星。

早年，就秘籍问题我也曾问过我的舅舅、哥哥以及其他烹饪高手。他们只是哈哈大笑，说我可能看武侠小说入了迷，“一个厨子无非是炒菜做饭，有什么秘籍呀，有秘籍早就卖了钱不当厨子了”。不过，他们说炒菜做饭确实有经验和窍门，有的师父善于将自己的烹饪技艺总结出要点，传给徒弟，这大概就是勤行的“秘籍”了。

大哥希荣在润明楼学徒时，因为读书多，自学得也好，很快就从打杂晋升到了青。他的师父姓孙，是父亲的好友，对他很是照应。孙师傅是老山东，说话口音很重，很像山东快书，手艺在行里数一数二，尤其是汤汁菜，无人能比。其中有一道烩鸭丁鲜蘑，熟客每来必点，汤鲜肉嫩，毫无鸭子的腥味。灶上的师傅人人皆知，谁也不好意思去问什么“秘籍”。

有一次，大哥给孙师傅做生日，也想做一道烩鸭丁鲜蘑。孙师傅说，今天你父亲过来吃饭，我教你烩鸭丁鲜蘑，让你父亲也看看你的手艺有没有长进。便叫大哥准备材料和锅灶，饭前先带他做一碗尝尝。那时，师父教徒弟从不动手，只是口传，即使这个菜徒弟从未做过，也是徒弟自己上手。师父说，徒弟做，就像表演双簧。我也是这样和舅舅、哥哥们学徒的。大哥本来做过这道菜，也是和众人一样，做出来总是口味不鲜，就等着师父的“秘籍”呢。大哥从头到尾做完这道菜，师父只是喝茶不语。等到要装碗了，师父给他一个料包，打开，似是冰糖，放入汤中，搅拌之后装碗，撒青蒜末。师父让大哥品尝，果然味道不同，他哈哈大笑，告诉大哥，这道菜据说早为宫廷菜品，由御膳房秘制；民国之后才有人知道，是加入了中药“秋石”。此药当时很是贵重，具有滋阴降火的作用，放在汤中特别提鲜，后来普通药房有售，形如冰糖，早年京城百姓曾用其制作“秋石脚儿踢”。脚儿踢是春天田野中未出土的一种鲜蘑，与秋石合制，味道极鲜。我在一次住院治病时，同屋病友因病不能吃盐，食欲不振、体力衰减，医生开了秋石为其加入饭菜中，得以增味。

除了秋石，烹饪中很少加入中药，即使有，也是药食同源的物料，如调料、香辛料和辅料之类。后来知道，有不少名人在烹饪中动用此类“秘籍”。我的一个朋友开酒店，聘请了一位顾问，言说曾是“八大楼”大师等，每月薪酬很高，但向来不做培训或是烹饪示范操作，只是指点指点、说道说道而已。久之，众人请其对菜品质量提高指点一二。此人便在菜品烹饪完毕拿出一个料包，撒入白色粉末，众人一尝，果然口味不俗。大师说，就凭这一手，我这个顾问并非有名无实。后来才知道，这白粉俗称“咸面”，由精盐、味精和白糖组成，在一些饭铺的菜品中确实用于提味，但是，正规鲁菜“八大楼”并无人使用。

鲁菜烹饪也确实有自己的一些“秘籍偏方”。如将某种海货料焙干成末，过筛，便是制作海味的增味剂，所制汤菜与一般做法口感不同，似觉深沉、醇厚。有的素菜大家，在为客户烹饪宴席时自带屉布，实则屉布已经用鸡汤煮过，用以蒸煮物料、制汤，格外鲜香。还有，吃祭神白肉时不得加入佐料，无盐之肉入口难咽，好事者便发明用酱油刷在粗布上，阴干撕下，可见布纹，拿在手中如同手绢，可随白肉入口食之，以增味道，等等。这些所谓“秘籍”，有的确实是提高口味又不影响健康的——其实就是一种特殊调料，但制作素菜使用屉布掺假提味，实在只是一种江湖手法，在“八大楼”和“八大堂”从无此类的师徒传授。

勤行与艺人的交集

中国自古代王朝出现，便将豪华盛大的宴席与歌舞娱乐合为一体。如西晋左思《蜀都赋》所言，“丝竹乃发，巴姬弹弦……纡长袖而屡舞，翩跹跹以裔裔。”到了唐、宋、元时期，宴席上的艺人杂耍更多，有唱曲助兴的“厮波”和“赶趁”，还有戴着假面具的舞者。

明清时期，皇家宴席有成套的礼仪与燕乐，由内务府总管之下的御茶膳房供奉，自然也是皇家自己的队伍，不会有外聘。膳与乐的配合极为严格，包括其间的礼仪规矩，有专门官员管理。那时的官席是“无礼不成席”，“礼”又将膳乐结合为一，严丝合缝地配合。到了清代，饮宴中的宫乐必不可少，舞女类表演则已不那样繁多。特别是规模完整的大宴，如千叟宴、蒙古外藩宴、重华宫小宴等，只有礼仪之乐算是艺人的节目。但是，皇帝或后妃的寿宴、喜宴等必有规模不小的堂会伺候，京城艺界名角几乎悉数登场，其中必有以京戏为最的名头牌躬身献艺。

民国以来，王者的盛宴成为过去，但是，军界、政界、商界、旧日王孙、新政大员们依然有各类宴会。已经退居故宫的溥仪大婚更是御膳鼎盛，还从北京饭店订购了冷食、糕点和名酒。堂会三天，耗资三万多两白银，陈德霖、王瑶卿、梅兰芳、杨小楼、尚小云、俞振飞、裘桂仙、马连良、侯喜瑞等大腕名角都来贺喜献艺。

·满汉全席与堂会

清朝后期到民国时期的满汉全席则与各类堂会交集一起，是勤行与艺界交集的鼎盛时期。

所谓满汉全席，并非皇家之举，乃是民国时期，京城旧日满人的王孙官宦等依旧不忘曾经的辉煌，继之政界、军界头领仍在吃喝玩乐中追忆旧梦，开发的新篇。

虽然满汉全席并不是有严格规矩与形制的国宴，但是由于当时勤行的行规极为严格，其在经营中也必然受到行规约束，形成了不少约定俗成的惯例规矩。如“三段式”的结构——早茶宴、午宴（正席）、晚宴（灯晚儿）的一天排列。整个宴席又要结合宴席主题分成段落。如三天寿宴，第一天为“暖寿宴”，第二天为“拜寿宴”，第三天为“散灯花”。满汉全席是这三天九节的寿宴的典型规格。与之匹配的便是堂会的相应内容，这种规格非寻常戏曲可比，包括皇家子弟自愿奉献的子弟书八角鼓、拆唱八角鼓、滑稽大鼓、什不闲莲花落、京韵大鼓、相声、单弦等各类曲艺杂耍，内容越见丰富多彩。

由于宴席和堂会结合，必须管理有序、进度协调，所以或从宴席堂口出人，或专门外请。做宴席和堂会的协调调度一般称“戏提调”，此人还需要帮手，便是“来手”和“管事”。许多勤行的茶房即“名堂”，善于此道。艺界梨园行也有专门善于提调的，可掌控整个宴席过程和堂会礼节。

堂会过程繁杂，包括破台、净台、跳灵官、跳加官、跳财神、报台等，都有复杂的专门台词和内涵。由艺界所表演的小段八角鼓插曲也可以由茶房的堂官随口演唱，如《四季小过场》《八喜》《福寿绕》《寿曲》等。

那时，勤行中不少人善唱京戏，并为票友。记得家中悬挂的照片中，不少都是哥哥和伙友们所拍的“戏出儿”，如《四郎探母》《坐宫》《定军山》等。每逢节日，父亲和哥哥的朋友来家，也少不了各唱几段京戏。就在我家门口，守着“富连成班”的大宅院不远，勤行之家的朋友也在“咿咿呀呀”地练着嗓子。

·勤行与艺人彼此帮衬

在普通宴席中，也常由茶房主持，梨园界献艺，彼此帮衬。但凡名堂也必然在此时献上一两段《太平歌词》，以作为对饭座的祝贺。真有名堂能唱大段的《家庭训》《子弟过会》之类，是名堂中的子弟书票友。

还有的艺人不在堂会和子弟之中，而是在宴席四周打场子撂地，且常年如此，不换地方，与堂馆形成固定的配合关系。堂馆只为其提供茶水和场子，没有桌椅板凳，收入不在宴席，全凭周围观众赏钱。

记得大哥和二哥曾经在惠贤堂帮厨，总看到门外有一位老者踢毽子。老者身手矫捷，花毽变幻翻飞，引得围观者喝彩不断，此人便是清末民初赫赫有名的艺人“毽儿谭”，名为谭俊川，曾为乾清宫侍卫，民国时沦为江湖艺人。他在惠贤堂南楼空场卖艺踢毽子，当数国内一绝。其绝活“倒钩雕翎”，毽子落于手、背、面、胸、肩、膝、脚，丝毫不差，引得场外和楼上的饭座都纷纷抛撒钱票，给惠贤堂增了异彩，买卖更加兴隆。不少饭座到惠贤堂就选临街之窗落座，以便观看毽儿谭的精彩表演。

这种艺人与勤行的交集很是巧妙。艺人不入庄馆的厅堂，不影响饭座吃饭，却为买卖家助兴增彩，惠而不费。买卖户也乐于配合茶水和吃食，彼此客气、尊重，有了交情，便与那“讨饭”绝不相同。

20世纪50年代，我曾在当时的太平观小学读书，与两位同学结拜金兰，各述家世。其中一位名谭恩余者，便是毽儿谭之孙。在去其家中拜见义母时，老人将当年的照片示出，便有毽儿谭在宫廷踢毽子时的英姿。那照片是早年在弧光灯下所拍，已算是很清楚了。义母非常珍惜，述说起毽儿谭的历史，还如昨日一般。她说，论起来，毽儿谭也算是我们的义祖父。说到在外遍走江湖，独辟蹊径，创立了名声，苦乐自知，义母还潸然泪下，至今记忆犹新。

· 献艺于庄馆

与庄馆交集的艺人类型很多，各不相同。有的艺人单人独马，在庄馆门前献艺，从不提吃喝与赏钱，很像是献艺，而不是卖艺。故此，此类艺人到来，买卖家也是客气迎送。这类艺人一般仪表精神、装束整齐，绝无讨饭迹象，一般不影响买卖家的形象。所表演的段子，一种是说唱类戏曲段子，如《蓝桥会》《探清水河》之类的京韵大鼓或“子弟书”。这类艺人多半曾是清代官家子弟，早年唱“子弟书”，民国后家道败落，便更名改姓，变相讨生活。可见其人气与素质还不一般，或者还残留些八旗子弟的形影，段子表演都很抓人。我曾在大哥和二哥耍手艺的买卖门前听过此类艺人说唱，行腔走韵、节奏情感都不是一般讨饭者可比。买卖家对此种艺人也有一定接待或待遇，彼此也像朋友。

另一种是“数来宝”。有的原是八旗子弟或有名师教训的“数来宝”。此类人等皆是素面素衣，但也能说很精彩的段子，或者把子弟书的段子说成快板书，如《一百单八黑》，就是可说可唱。还有的把相声段子掐成小段的垫话表演，如《满汉全席》，更与买卖经营贴切，也受饭座喜爱。最常见的“数来宝”是见景生情的“数落”，如到了切面铺，便是：“打竹板，迈大步。眼前来到切面铺。切面铺，耍大刀，一窝丝，盘寿桃……”这类艺人大都跟真正讨生活要饭的差不多了。有的还在讨饭之中插科打诨抖包袱，不透露要饭的底细，但是又能表露出要饭的心境。“数来宝”说：“掌柜的，心眼儿善，端来炖肉大米饭；掌柜的，心眼儿好，肉片打卤全管饱。”以此逗众人一乐。掌柜的听了，还真端来打卤面。

这些不同类型和不同层次的艺人与表演大都有一定组织，并且也有师父教导，与勤行建立了交集，很少闹什么纠纷。只有个别的讨饭者，不是艺人，更没有师父教导规矩，会在讨饭时令买卖家为难和厌烦，甚至闹起纠纷，那就绝不是艺人所为了。

我自算出身勤行世家，但自幼与戏曲、曲艺接触甚密，也处于勤行与艺界的交集，5岁时随姐姐上学，便在外馆的馆墙内撂地，为众人唱《蓝桥会》。以后，但凡我公开发表的曲艺作品，大都亲自上台实践与表演过。特别是快板和快书，均能有机会与高凤山老师、刘司昌老师等前辈请教和学习，如今这些曾经与勤行交集的前辈几乎都已作古。

我总是回忆起父亲、哥哥们当年在勤行与艺界交集的旧事。这些交集，有的渲染了一个王朝的兴衰，有的则讲述着民众生活的贫困与无奈，但无不渗透着具有中华特色的人情冷暖与世俗情怀，浸润着那个时代特有的商业文化和经营特色，闪烁着独特的光彩。

年夜饭和“说官话”

百姓过年，从腊月开始节日气氛便逐渐浓厚。从腊月初八开始喝腊八粥，二十三祭灶，二十四扫房，二十五便开始准备正月的食品，做豆腐、冻豆腐、炸豆腐、炸饹馇盒、蒸年货、做豆包、粘团子、摊烙糕子、打豆儿酱……

三节中，勤行只有春节歇业。按京城习俗，除夕晚上的年夜饭，人们都是各自回家团圆，几乎没人在大年三十晚上到饭铺去宴请宾朋，多好的交情也难请到。那时，回家过年是件大事，上有老，必尽孝心；下有小，必须教养。这些规矩都会在过年中体现。这便给勤行“让”出了一个节。

但是，一般勤行的伙友却不能回家团圆，享受天伦之乐，而是要在“柜上”过年。一是师徒众人辛苦

（插画 / 郑莉）

一年，掌柜的总要“表示表示”，同伙友一起吃个年夜饭，以示犒劳之意；二是要做一年总结，公布东伙分成的核算结果，是盈是亏，该拿的钱拿出来，让人家回家过年。

伙友们辛勤一年，便盘算那一点积蓄的用场，给父母买衣装食品、烟酒糖茶，抽空跑瑞蚨祥买布料、马聚源看帽子、步瀛斋看鞋，给孩子买玩具、零食。柜上便可见大包小包的年货物品，有了过年的气氛。此时，虽然还有饭座吃饭会友，但不像平时那样累人了。

·“说官话”的年夜饭

到了年节，按店里规矩是要犒劳店伙的。勤行在春节年前做完结账，便可计算出一年的营销状况。年终结算便是东伙都期盼的喜事。上下几十口人，堂柜灶案，分门别类，没有闲时；从掌柜，到掌灶、帮案、了青、看蒸锅、打杂，各负其责，虽有轻重，却各有劳苦，这些，掌柜必须心中有数。

年夜饭总是比较丰盛，便有鸡鸭鱼肉成一桌宴席，或是“四到底”，或是“猪八件”“花九件”。大家热闹一番，也是掌柜的代表东家对伙友的一点心意。但是，除夕的年夜饭也“暗藏玄机”，因为这时要宣布第二年堂、柜、灶、案的人事安排。有升有降，有来有去，每个人都会捏着一把汗，不知第二年命运如何。这个宣布伙友命运的会就称为“说官话”。“说官话”就是讲话和总结工作的意思，按当今的说法是开一次总结表彰大会，内容是结算情况和利润分成情况，从而使众人知道自己年底可以拿到多少薪金过年。这个结算拿薪当然是按照责利计算，堂、柜、灶、案各有比例。

那时，各庄馆的规模与经营状况不同，伙友的待遇均有差异。凡耍手艺的师傅，月薪两元至三元不等，三元在当时便可以办一桌像样的酒席；少者仅三五角钱；学徒无成可分，只在众人分成后将零头给他们作为洗澡理发钱，以示过年。这与其他行业的待遇水平便很不一样。眼镜业如精明眼镜行，属待遇很低的，其学徒每月可有三元左右的工资，工作年限长的月薪可达八元。有的行业以提成为主，如同仁堂职工月薪两元，但可按营业额再有提成。总之，勤行的待遇比其他行业相对较低。

“说官话”之后的分成是“吃股份”，即为“分红利”。吃红利与否，各店不同。有的店规定工作年限，无论厨师还是学徒，只要工作到达一定年限，即可参加分红利。有的庄馆还有一庄收入：客赏。饭座每在饭后结账时，常有人不找零，赏给柜上。饭座赏钱，跑堂必然喊一声“张三某先生赏钱多少”。这笔“客赏”，无论师傅还是学徒，每人均有所得。如果每月省吃俭用，师傅或学徒多少也有一些年终结余，可以在回家过年时带些年货，给老人买些饽饽、烟酒，给孩子买些玩具、零食，给媳妇做件衣裳。

掌柜讲完“官话”，大约是为了让众人了解了一年的收支和盈利情况，但是往下便不再细说，开始给伙友布菜。如果所布之菜仅是鸡头、鱼刺之类，还要说几句工作之不足和表现之毛病的评语，该伙友便心中高兴，来年还会留下来；如果布来鸡腿、扣肉、丸子之类，还非常客气地说一些拜年的好话，如“手艺不错”“聪明伶俐”等，八成是要你卷铺盖走人了。

伙友们常说：“难吃的年夜饭，难过的年三十。”当年三十过了午夜，丑末寅初时刻，一切便已了然。该留的一声不响，该走的打点行李。这一切，既决定于平时的工作状态与水平，也多少与人际关系有牵连。比较规矩的庄馆，因为经营时间长久，人员关系协调、磨合已久，堂、柜、灶、案配合很好，师徒关系也还融洽，很少有内中捣鬼、争风吃醋的乱象，不然，买卖也做不起来。

·“不要三舅”

早年的勤行在用人上有个规矩，即“不要三舅”，就是不要让与东家或掌柜的亲戚入行共事，怕是“上面有人，不好管理”。所谓“三舅”，即小舅子、舅舅和舅爷。买卖一旦有这类亲戚掺和，便无法按行规管理。有的东家硬气，硬要塞进个亲戚来，无法推辞，便让这位亲戚赋闲，也就是让他白吃白喝。这样，庄馆才能做到对众伙友一视同仁，办事有规矩，做饭有手艺，待客有礼节，奖罚有标准。有了标准，才有了年夜饭这个严格的关口，奖勤罚懒，培养出勤行地道的厨师。

那个年代，“二把刀”和“混子”靠关系根本进不了勤行。但是，勤行内部依然不是风平浪静，毕竟人与人还有区别。比如靠与师傅的关系好坏，谋得不同的待遇；靠与掌柜的亲疏，谋得不同的地位；靠朋友、亲戚等有可能依靠的关系，谋得不同的发展。依然还是亲疏待遇不同，这些必然也体现在“说官话”的结果之中。

只有手艺是勤行的底线。没有手艺，什么关系也没用。

勤行的厨娘和女厨

那时，受女性的社会地位及其家规、教育的影响与约束，勤行中几乎没有女厨。一个良家妇女抛头露面，到庄馆去当厨师，伺候三教九流各路食客吃饭，这在旧时是不可想象的。

民国后期，随着勤行的发展与变化，南派洋场的派头与风气兴起，在时髦的庄馆中开始出现女侍，俗称“女招待”。女招待其实就是女服务员，只在台面上端菜送饭，并不上桌陪客。卖家也怕闹砸了生意，故规定“女侍一不上灶二不上桌”，要求规规矩矩做事、清清白白做人。

上灶肯定是无望的，每个灶头都有人把守。在那个风雨嘈杂的年代，做勤行也是如履薄冰，稍有闪失就可能丢了饭碗、坏了名声。不必说掌柜的发话，就是师兄弟们也都是大眼瞪小眼地盯着各自的饭碗。总之，明里暗里，厨房是没有女子的立锥之地。后来，经历了社会的动荡与飘摇，京城的勤行出现了女招待，但那毕竟是端盘子端碗的服务，不是上灶滑熘爆炒的要手艺，而且当时卖家也有以女性招揽顾客之嫌。尽管这些女性也为衣食之需，但是，却依然被人另眼看待。

早年，大哥有一位伙友的妹妹曾经在庄馆做招待，据大哥只是叹息并无言辞的回忆，看来此人的经历已是苦楚难言了。他给我看了刘云若的《春风回梦记》和《旧巷斜阳》，我才通透地明白了旧时代那些行当的疾苦与辛酸，多少具有聪明才智和绝伦手艺的女厨，被埋没在混沌的岁月之中。

其实，在那个时代，中国有无数厨娘在京城的大家小户悄然出色地要手艺，实在也是不让须眉。但至今，众多了解勤行的老人也没弄明白京城勤行里厨娘的来历和去处。下面，听我道来。

· 从老妈儿到厨娘

那时中国的厨娘是藏而不露的。试想，那时京城除了各类庄馆铺子需要勤行的厨子，还有不少大有名头的大户人家，哪家不吃饭、不设宴，家家都有厨房和厨子。但是，私人家里的厨子就绝对不同于庄馆。

庄馆的厨子死守堂柜灶案，与食客家庭的男女老少绝无瓜葛牵连。家厨则不行，不但要为家里人做饭，还要听家里人使唤，原料好坏、菜品咸淡、口味轻重、作料多少，都是面对面地交代与应承。家庭女眷特别是闺女、媳妇，不可能天天和男厨如此交际。所以，真正想吃“好的”，还是找有能耐的女厨。那些主人皆是高人，比谁都明白，于是各家各有高招，另聘更方便的高厨，多是聘老妈儿兼厨子。

有一句关于京城四合院特色的口头禅：“天棚荷花石榴树，厨子老妈儿胖丫头。”前面一句是指四合院的环境，自不细说；后一句是指雇员使唤人，“厨子”放在第一位，说明吃是多么重要。其中的“老妈儿”必须带儿化音，不是要找个“老妈”来管家，老妈儿是使唤人之一，是一种综合差事的女侍。

大宅门的经验是厨子、老妈儿共用，一男一女。老妈儿的本职一般是侍奉女主人、小姐和孩子。大宅门不止一个老妈儿，有的老妈儿在厨房内做厨子的助手，如买菜、了青、帮案、打杂；厨子是掌灶。这种分工和庄馆的掌灶与帮案分工基本一样。端菜、送饭、刷锅、洗碗也是老妈儿的事，老妈儿就是半个厨子。这就是所谓的“一搭两用”。时间长了，女侍必然能学会厨艺，上灶做饭，而且通过一师一徒的传授，多数都能学成很不错的手艺。厨子落得清闲，或者去帮老妈儿做些体力重活。这就是大家宅院成就女厨的一种类型。

还有一类大宅院，地位了得，直接外找兼作厨子的老妈儿。这类女厨皆有其树大根深的师承和长期从事厨艺操作的训练，一般家里必有名厨，或在内务府，或在大庄馆，手艺了得，她们只凭在家熏陶，便已经胜过普通厨师几筹。这类女厨因为与社会上层多少有些干系，在大宅门里也是被另眼看待，做事倒也平安。真有权势的大家大户特雇手艺精到的女厨，也是一种风雅。

有的宅门不外请女厨，选到合适的便娶为姨太，兼作女厨管理。其实，女眷管家习以为常。谭家菜曾经是餐饮界红极一时的官府菜，而在关键时刻将谭家菜继承与复兴于京城的内家厨师，便是谭宗浚之子谭瑑青的三姨太赵荔凤。赵荔凤天资聪颖，又精于烹饪之道，依据谭府家菜的名声与踞居京师上层的优势，将谭家菜发展到极致，名震京城。有所谓“食界无口不夸谭”，论手艺能耐和在烹饪界的地位，赵荔凤无疑是厨行女厨之翘楚，但依然属于大家之妇，不愿列入勤行。“宁可家中为妇，不愿勤行为厨。”尽管谭家菜曾经是家菜，赵荔凤也是在灶前亲力亲为地操持，但是，依然不能说她是女厨。到了谭家菜公开营业，赵荔凤已经是谭家菜的东家和传人，后来从厨房出面的便是他们的家厨彭长海。

·回忆家中的女厨

不必说社会上，就说我家的状况，但凡曾在内务府或“八大堂”“八大楼”耍手艺的前辈，都有家眷在宅门做事。

祖母屈王氏是个脾气暴躁、性格内向的人，她的几个兄长都在庄馆掌灶，她也是在家就学得手艺，中年后家道中落，无奈便在黄化门大户为厨。她的依靠是手艺，不是人际。所谓手艺，不是仅仅看其有几道适口的菜品，如果仅仅是家庭、闾巷之菜品，再好也难得在宅门就业。因为宅门里时常有各类宴请，饭菜不但要吃得适口，还要得以应承场面，来的都是五行八作、名下无虚的老客，一般手艺肯定难以让来客满意。幸得祖母技艺确有传承，摆出几桌宴席，必然让行家上眼。即便如此，她还时常免不了受气，回家后，大骂宅门满眼浮财虚利，不识金镶玉，常以打骂把郁气撒在母亲和哥哥身上。虽然祖母手艺不错，是当时很有名声的家厨，但是秉性无常，难得众人待见，老年终于憋屈成病，无缘地指天骂地，如呆如痴，必是曾经的苦楚无处发泄，甚是可怜。可见，女厨无论明里暗里，不一定都是得意于此行。

外祖母陈崔氏，是个极其慈祥的人。外祖父出入宫廷，就职内务府，手艺十分了得，不但教养出一个聪明伶俐的小舅陈明，在勤行的名声有口皆碑，还教导出外祖母勤行的精湛手艺。外祖母的厨艺以老满菜和鲁菜为最佳，有名的满菜鹿筋炮肉、大炒肉、锅烧鸡、烀猪肉、糟肉，她都做得滋味深厚。由于小舅陈明又善长西法菜，外祖父故去之后，外祖母在宅门以厨艺谋生时也做过西法菜。那时我才几岁，亲口尝到外祖母的西法菜，总觉得非常新奇好吃。在京城女厨中，中西兼会的所见不多。外祖父的厨法技艺和老到经验，特别是宫廷菜的大手艺，外祖母大都心中有数，这也缓解了她在厨道的不时之需。

有一次外祖父家中来客，也是勤行朋友，因为正值盛夏，小舅为客人备了酸梅汤，临席端上一冷碗。饮后，其中一人便道：此梅汤非彼梅汤啊！外祖父心里明白，他是指这民间的酸梅汤与内务府的口味不同，却是何故？外祖父此时绝不可失言答对，否则就有私传内务府秘方之嫌，或可引来祸端。但是，来客绝对知道其中必有奥妙，又不可支吾其词。此时外祖母端上一个茶碟和扣盅，送到客人面前，请客人喝茶。客人不知其解，打开扣盅见茶碟内有一粒黄豆，思虑片刻猛然明白——此是豆蔻。原来内务府在酸梅汤内加入豆蔻，其气息绝香无异。外祖母不但是厨艺行家，还特别能躲闪明枪暗箭，又能够维持朋友交情。

母亲陈桂清出身勤行世家，久居大望京。这里是内务府汉八旗厨师的老家，在这个古朴的村庄，几乎家家有大厨、户户能开宴席。母亲家光我的舅舅就有九位，还有模样和外祖母极为相似的姨姥姥，母亲的厨艺自幼便得益于我们的外祖父、老御厨陈光寿和外祖母的熏陶，手艺出众是必然。她的老满菜真有几手摆得台面，还有外传众多的宫廷菜，都给她的厨艺大添异彩。更不必说间巷菜和家常菜，仅就家庭和宫廷都很能显贵的煮饽饽，家中各位大厨都难做出母亲的口味。

一道马齿苋煮饽饽便会让人赞不绝口。我自幼吃得此物，至今难忘。每到夏秋之际，村外水边土坡上便长满紫红色马齿苋，择采后洗净、水焯、晒干、收藏，入冬后便是母亲常用的“长寿菜”，将其择净、焯软、剁细，加入猪肉、蒜泥、葱、姜、香油、黄酱，便可包出味美的长寿馅煮饽饽。记得她在小苏州胡同当家厨，事后多年，那位东家的少爷还经常到我家，口称母亲为“姥姥”，讨要长寿菜煮饽饽吃，吃后再带回几碗，孝敬已经卧床的老人。

母亲的手艺还包括一些适口、下饭、价廉物美的家庭菜，如侉炖鱼、啰嗦汤、榆钱糕、糊塌子、饭包等，以及每年春节之前做的烙糕子、饹馇盒、素三角、豆儿酱、排骨冻、炖肉、素饺子等，其中很多菜年久失传，如今已经盖世难求了。还有她的宴席大菜，在家平时不吃，过年偶尔露一手，让大哥都吃惊。母亲在烹饪上从不追求豪华，因为她一直生活在困苦之中，豪华之菜于她是云里雾里的事。早年间，每到节日，孩子们、师兄弟一群聚在我家，总爱说起宫廷大菜之类的话题，如“四抓炒”“四大酱”等。母亲总是说：“这不算什么大菜，你们做过‘大杂烩’吗？这才是宫廷菜。”听起来土气，是烧杂碎吗？有人认为是他们馆子的“杂合菜”，仅比泔水强一点。母亲说，大杂烩是你们姥爷的拿手菜，分为山珍杂和海味杂两类，山珍杂的主料是熊掌、鹿筋、飞龙、蛤士蟆等八样，海味杂是燕窝、鱼翅、海参、大虾、鱼唇、鱼肚等八样；主料各分八遍加工，将烧、熘、炒、煎后的主料汇集一锅成菜。只有真正的宫廷菜才使用规定的主料，就连“八大堂”都是以代用料制作，普通饭铺或家庭大户主料再降一等。实际上，这就是南菜中的佛跳墙，到了“跳墙”的地步，也就是一碗杂烩了。在她的聊天中，孩子们听到了不少神秘的御膳房菜品，有的确实高端、精细，有的还保留着满人早年吃食的淳朴与简单。

“你们不能眼高手低，能做好炸酱面的炸酱，配齐面码，打好打卤面的海味卤、素卤，不澥不散、不丢人现眼就不错了。真要是叫你们做出姥爷做过的大菜，一道菜你们还得再学三年零一节。”这话母亲绝不是开玩笑，也不是数落孩子们，而是她的经历与身心中蕴藏的技艺比孩子们高得多。母亲是我心目中女厨里的翘楚，称得起中国的“伟大厨娘”。

这些逝去的故事虽然带给我们不少辛酸和苦楚，也让我们回忆起那些在苦难中不畏艰难、匠心独运的女厨娘，回味那些曾经处于社会最底层的可怜女性的挣扎与奋进。她们在乌云的掩盖中露出过江山一样的瑰丽，在被压迫下挺身于荆棘载途之中，显示着智慧与坚韧。

失去的滋味

原汁原味老满菜

“满菜”是满族入主中原以前作为游牧民族时所乐于吃喝的习俗菜品和饽饽，以及进宫后不忘旧俗的宫廷菜。时至今日，它们绝大多数已经成为“老古董”寿终正寝了；也有少部分随着时代的发展或改头换面，或演变成另有新名的菜品，但人们已不知其源了。

我出身于宫廷菜的厨役世家，幼年甚至少年时代所吃所见的老满菜如今依然如影随形地萦绕于脑海之中，回味间总觉得，其滋味的深厚、名称的朴实、制作的特殊，较如今那些华而不实的“出新”菜，确有其长处，或可值得保留，甚至发展。

宫廷菜中所见的老满菜多数名称朴实无华，一般以制法和材料组合成菜名，而绝无金龙玉凤之虚华夸张：使用多种贵重海味精心制作的汤品就称“大杂烩”；使用普通原材料的菜品就直接称名，如“小虾米油渣炒菠菜”；满菜中很有名气的肘子就是“炖猪肘子”；在勺子里烤出的饽饽，就叫“勺子饽饽”；用鹿血或猪血灌的肠子就称“血肠”；白煮猪肉就称“白肉”；用酸菜熬白肉就称“酸菜白肉”。此外，还有鹿筋炮肉、大炒肉炖海参、锅烧鸡、野鸡酸汤、肉丝炒鸡蛋、炉鸭炖白菜、肉片炒翅子、熘鸡蛋、熘鲜虾、口蘑炒鸡片、鸭丝面片、野鸡馄饨、羊肉炖冬瓜、炖吊子、羊肉炖倭瓜等，皆与家庭闾巷菜名称并无大异。

老满菜所用材料多数因地而取。当然，已成宫廷菜的满菜，其所用的米、面、食、粮、瓜、蔬、花、果，一般皆是名品产地的“贡差膳项”。白面必须是头罗面或粉面（绝无一点麸皮），以山西临汾之白面最好；荞麦、糜子面来自吉林；大葱来自山东章丘；螃蟹来自京南胜芳；杏子、槟子、小枣来自京北，分别是八达杏、虎拉槟、密云小枣；鲜枣来自北京郎园；酱瓜必须是河北邯郸的八道眉；豆蔻来自广东；橘子来自福州；龙井来自西湖……

清代膳房所制作的老满菜，自然比满族入京前在东北时期的档次高了许多，这不仅是原料品质所致，御膳房的手艺与规制要求也完全不同于普通庄馆。仅本人所知所会，举其一二，以为探讨。

老满菜之起锅，便与普通庄馆菜不同，尤其是用酱手法，使其具有普通菜品没有的老口味。酱起锅，一般是与葱同用。根据菜品的类别和材料、口感要求，其大致分为大起锅、小起锅和起锅三种。大起锅，是菜品的原材料多而丰实，要求口味浓重，如大炒肉、笃鲜茄、酱汁鱼等。大起锅底油多、葱花多、酱多，在葱油出味、油与酱充分混合后，出现如泉水流动样的翻锅，立刻滋入汤水，使水油迅速乳化，炸出浓厚的酱香，再放入主料。如此用油用酱，不会出现“酱毛子”味，而是烹出浓重的酱香味，与葱油味混合，再令其进入物料之中。小起锅的过程与大起锅相似，只是用酱量和用油量少，出现的是轻快的酱香味，如炒肉丝、炒白菜等。这里需要说明的是，后来发展和改变了这种基本做法而出现的“京菜”，也讲究用酱，如京酱肉丝，实际上是将老法拆开了，没有出现油和水的乳化，也没有使葱炸出葱油之香气，却把生葱铺在菜下，肉丝上裹满了半生的黄酱，结果是生葱和酱毛子味齐发，与大酱起锅就完全是两回事了。至于一般的酱起锅，在老菜中使用更广泛，如做热汤面的起锅，就是典型的老菜酱起锅，使热汤面的香气很有特色。现在有些大饭店所卖的特色面中也有起锅面，价格不菲，实际上就是老的酱起锅，甚至有的还是酱油起锅。普通的酱起锅做法，在京城百姓的闾巷菜中几乎家家会做。

老满菜的肉品之制作特色是“烧烤”或“锅烧”。烧烤，一般是使用木料直接烧烤，并不做烤炉，满汉全席中绝不可少的烤猪、烤鸭、烤鸡、烤哈尔巴子均为此类。锅烧，从“锅烧”逐渐演变为“锅炸”“浇油”。受烹饪条件限制，当时没有烤炉或烤箱，其原始的办法是使用上下互相合扣的铁锅，将物料放在锅内，加热铁锅，上下受热而将物料烤熟，后随着灶具的进步，开始使用挂浆油炸的方法，代替了早年的锅烧。此种锅烧多不用酥糊，而用脆糊，口感和现在的

（插画 / 郑莉）

炸鸡不同。此外，还有锅烧鸭、锅烧肘子等做法，都是老满菜的特色。

锅烧做法进入宫廷，不但原料更加讲究，做法、内容也更为复杂。如加入了“攒盘”，使菜品更加丰富，有攒丝锅烧鸡、攒丝锅烧鸭等。除了一只鸡、鸭的锅烧，还加入了“攒丝”。简单的攒丝是一种丝状配料，既可以丰富内容、调剂口味，还可以使菜品更丰满；宫廷菜的攒丝更丰富，不但加入各种辅料丝，还加入更贵重的原料丝，内容丰富多彩，营养全面。

老满菜使用地方山珍原料也是一大特色，如使用鹿肉作为原料的烩全鹿、烧鹿方、炸鹿尾儿、鹿胎糕。用猪肉、猪血所制作的白肉、血肠等，后来演变成白肉火锅和丰富多彩的烧碟菜，也和老满菜有一定关系。

老满菜中使用满族所制的酸菜，也是一大特色，如酸菜白肉、酸菜鱼翅、野鸡酸汤等。酸菜是以白菜发酵制成的，味酸适口，可促食欲、助消化、去油腻，与肉制品是绝佳组合。且其吃法特殊，在以酸菜为主料的大菜上桌时，常伴以位上的“跟碗”，内有汁浓味厚的酸菜汤，可以泡饭、泡饼，极有风味。

传统满菜的原料，除了特殊的山珍外，一般可就地取材，价格便宜，因此在本地容易普及。

满菜在清代宫廷菜中占有一定地位，这与清代统治者长期的生活习惯有关。一部分满菜经过几百年的演变，成为宫廷菜而“高高在上”；也有的老满菜流传于京城百姓之家，成了京菜。但是，在当今的酒家饭店里，满菜却成了珍稀之品，除了原本的东北菜馆、后来进京的“辽”菜馆还可见满菜，不少京城酒店的菜品中已经难觅了。特别是以老满菜为基础发展而来的宫廷菜，在不少厨师眼中，已分不清南箕北斗了。其实老满菜是一种极其实在的菜品，适当地恢复点儿老满菜，让人吃到当年的原汁原味，不失为一件有意义的事。

回味无穷二荤铺

晚清至民国时期，二荤铺遍布京城，如西长安街的龙海轩、西四牌楼南路东的龙泉居、朝阳门外的“肉脯徐”、煤市街的百景楼，基本都属此列。阜成门外路北的虾米居原名永兴居，很多顾客认为是二荤铺，确实，它的饭菜极像二荤铺，但因为虾米居不卖碗酒，不炒来菜，故属于小馆类。

列入第三档的便是饭铺，饭铺以下就是饭摊儿了。二荤铺是典型的饭铺，以经营“肉”菜为主，鸡和鱼虽也制作，但不是重点，燕窝、鱼翅、鲍鱼、海参等海陆八珍类则向来不做；除了自炒菜，还可以由顾客自带生肉料制作“炒来菜”，这也是其得此名的原因。

二荤铺服务于大众，菜饭价格相对便宜，但是手艺也颇为了得，因此买卖相当红火。

二荤铺的菜品一般不列菜谱，由跑堂的口报菜名。大多是火候菜和大众喜爱的猪肉菜类，如干炸丸子、焦熘丸子、滑熘肉片、爆三样、抓炒腰花、干炸里脊、焦熘肥肠、糟熘三白、熘肝尖等；比较费手的如扣肉、四喜丸子、扒肉条、坛子肉也做得滋味深厚；汤类有酸辣汤、木须汤、鸡蛋汤、里脊片氽黄瓜、高汤卧果等；鱼虾类可以吃到炸虾、熏鱼；素菜也有，如烧茄子、烧二冬、炒合菜等。二荤铺的面，比切面铺又高一等，炸酱面有肉丁干炸、大肉丁炸酱、鸡子炸酱，卤面有肉片卤、素卤，氽儿面有白菜氽儿、酸菜羊肉氽儿等。二荤铺还有其独特的菜品，如烂肉面、焦熘饹馇、炒片儿等。

先说说烂肉面。烂肉面其实有两种，一种是二荤铺专有的烂肉面，使用的肉是拆骨肉，但肉质完整，不是沿街叫卖的那种。大饭庄子有一种很讲究的冷荤叫“蹄筋排骨”，是使用完整的蹄筋和完整的排骨剔出的肉，不是用下脚料制成，二荤铺的烂肉面用的就是此种排骨肉。汤是白肉汤，面是韭菜扁儿。烂肉面是二荤铺的品牌面，里面可以吃到不少肉，且肉、面、汤的口味浑然一体，价钱便宜，一般来这儿的饭座都吃得起。另一种是庄子里的烂肉面，那就是“灶温”的烂肉面，其选用特定的五花肉单独加工而成，不是拆骨肉，更不是下脚料，与二荤铺的烂肉面确有区别。

焦熘饹馇是很普通的菜。饹馇是用绿豆磨成浆，加姜黄，摊成厚饼样，可以做饹馇盒、饹馇卷、饹馇角等，都是京城人家常吃的食品。炸饹馇是将厚饹馇切条后下油锅将炸成金黄色，可以蘸蒜泥、酱油和香油合成的小料吃，别有滋味。爱吃西餐的，还有蘸番茄酱吃的。焦熘饹馇是二荤铺的一道名菜，原料不贵，做工也简单，吃的是火候。其做法和炸饹馇条相似：将炸成金黄色的饹馇条备用，另碗放高汤、酱油、料酒、冬菇、冬笋调成碗芡；下底油，倒碗芡，汁明芡亮后放入炸好的饹馇条，翻勺，出锅。这就是焦、脆、香、嫩的熘饹馇。在二荤铺，叫一碟焦熘饹馇、一碗烂肉面，就是一顿美餐。

二荤铺的炒片儿也是绝活。片儿就是面片儿。做面片儿的面要软而韧，不能使硬面。一般是擀成宽条，手揪成片，煮熟后备用；另起锅，放底油，葱起锅，煸肉片，加酱油、料酒、高汤，再加木耳、冬笋片、黄瓜片，然后加入煮熟的面片，调味，翻炒即成。二荤铺的炒片儿一般比较简单，但吃起来却是满口香。馆子里也有做炒片儿的，如东安市场里的井泉居就有炒片儿，很有名气。那里的炒片儿和二荤铺的区别在于原料的等级，如果顾客需要，还可放虾片和海参片，是海味席中的一品，价格比二荤铺贵许多。

过去，安定门外大悲院隔壁有“鸡鸣馆”之小馆，极似二荤铺，因为当时与外馆相邻，口外客商皆在此齐集，买卖很好。此馆以油炒面片儿出名，其做法与井泉居类同，在京城也有名气。

二荤铺虽然窄小、简单，但它经营的菜品却极有特色，传承了不少鲁菜的精华，使京城老食客回味无穷。

二荤铺物美价廉，适合普通百姓消费，是我国餐饮业发展史上不可不提的重要一笔。现代人对二荤铺不了解，以为是低档次的摊贩，但凡新买卖开业，就是酒楼、饭店、酒家。其实，有些名头很大的酒家，其火候菜没有几家可以和当年的二荤铺相媲美。如果当下在京城鳞次栉比的大酒楼间开出一家二荤铺，手艺和当年不相上下，我保管它买卖兴隆财源茂盛。

白案、烘炉和满汉饽饽

如前所述，勤行内部的分工一般是按堂、柜、灶、案四部分划分。堂是“堂口”，按当前行业则称为服务部分；柜是会计账房，结账部分；灶是“灶上”，即“煎炒烹炸”做菜的部分；案是白案，是主食制作的案头部分。其中还有红案一说，这在行里也称为“了青”，是对灶上所用的原材料进行初步加工和配置。实际上红案也是案头作业。

一般来说，勤行的白案只制作宴席中常用的主食部分，如面条、烙饼、饺子、馒头、花卷、蒸饼、馅饼等；也包括一部分特色主食或介于主食与糕点之间的点心，如木樨糕、酥盒子、银丝卷、萝卜丝饼等，一般不做饽饽铺制作的饽饽点心。

· 堂口的满汉饽饽

老北京“八大堂”的堂口几乎都可以制作成桌的

（插画／郑莉）

饽饽用于宴席，但一般并不这么做，只有个别的铺子有制作宴席饽饽的渊源。如致美楼，因其早年曾是以制南味糕点而知名的，故后来一直保留这一专业特点。我的父亲王殿臣早年就曾与南派师傅学习南味糕点茶食，在致美楼时便以善制饽饽点心而知名。“翻毛月饼”便是父亲和我哥哥们的拿手制作，曾闻名于京城。

清朝时期，盛大宴席均要摆饽饽桌子。如果是皇亲国戚的宴席，人家在内务府就能定制成桌的饽饽，或在京城糖饼业的大买卖定制几百桌的饽饽。如果是在“堂”字号内举办宴席，其堂口就能制作饽饽桌子，质量不比饽饽铺差，而且能与整桌饭菜配合得相映成趣。但是，此类堂口的饽饽与饽饽铺的饽饽仍有区别，因用途不同，品类便也不同。

“堂”字号的饽饽一般是以饽饽桌子为核心组成，满式饽饽必不可少，即使是汉式饽饽，也多做成满制汉点，以供满族喜庆寿宴使用。其实，满制汉点在基本技术上的变化并不复杂，在汉式饽饽中加入奶皮子便可。如在瓜仁油松饼中加入奶皮子，便是奶饽饽了。

与饽饽铺的饽饽相比，堂口饽饽是主食点心和满式饽饽桌子为主的饽饽系列，必然会缺少很多百姓平时所需、所喜爱的家常点心和时令点心，如槽子糕、核桃酥、“大八件”、“小八件”、花糕、粽子、元宵等。当然，从行业分析看，堂口和烘炉业的饽饽制作也并没有技艺上的严格区分，只是产品类别的重点不同而已。

· 烘炉业的饽饽点心

糖饼业是以饽饽铺为主的技术行业，清道光以前，称糖饼业；道光之后，便称烘炉业。这与内务府以下机构名称的变化有关。但无论如何变化，与庄馆白案相比，它的产品类别更广泛，品质要求更细致，几乎可以满足市场任何所需，并且是极端专业化的。

宫廷内膳房所制的月饼包含广式、苏式和京式各类。宫廷的提浆月饼还有彩绘图案，不但模子雕刻精美，所用色料也是五彩斑斓，一般饽饽无以相媲美。烘炉业的人才与技艺在京城是得天独厚、无与伦比的。

烘炉业由烘炉局管辖。烘炉局是内务府下的行政机构，其对技艺与质量的要求和造办处对工匠的要求几乎一样，严格得无可挑剔。这个管辖的力量是任何庄馆都无法效法的，且其商业涵盖范围极广泛。有时，一位王爷的寿宴就有几百桌的饽饽桌子，一位皇姥姥的丧葬祭奠就需要上千桌的饽饽。那些遍布京城的烘炉业根基深厚，上头的婚丧嫁娶就可以让它们挣得盆满钵满。

·见风消和苏子茶食

世态变迁，人们的生活状态和习俗也随之变化，如今对饽饽点心的需求与晚清、民国时期已经大有不同。有些当时官宦与百姓都喜食的饽饽销声匿迹了，只有懂得饽饽点心的行家和年迈老人还能回忆那些饽饽点心的旧日辉煌。无论白案还是烘炉，都曾有很优秀的产品流行于世，值得当今的食客怀念与思考。

如有一种油糕名为“见风消”，是元明时期便很流行的。见风消比一般的油糕扁而大，所用面皮是油糖混合后高温烫面而成，极薄如纸，馅内有桂花、玫瑰、果料、蜂蜜。炸制时油温须控制极好，便可炸成两层焦脆而又柔软的油皮，入口即化，似乎见风就消。如今，不见风便消失了。

又如一种茶食点心“苏子茶食”，当年非常盛行，是满式饽饽中的小件，常以之佐茶，但是其原料及做工却极为讲究。首先是苏子的选择，要颗粒饱满、气味香醇。其次，馅内配料需用苏子油、苏子酱和油面酱拌和，使其香气浓郁，不散不粘。包酥时也需在油酥面内按比例加入苏子油。烤制成饽饽后，苏子气息外露，食罢，五内畅通。但是，后来战乱不断，物价只升不降，苏子茶食所用苏子基本是鸟儿所食之物，干瘪无油，将苏子茶食糟践得不是模样，饽饽铺也就不再出品了。而今，我传授之苏子茶食均按早年配方及质量要求，用优质苏子油拌馅，恢复了早年苏子茶食的醇香。此物再配上苏子杏仁茶，诚可谓干稀搭配，却也是个提神醒脑之物。

·简而不单的缸炉

老北京人没有不知道缸炉的，也几乎没有没吃过缸炉的。缸炉本来是饽饽铺开张营业试火时的产品，价格低廉，口感松软香甜，不腻不俗。但这种饽饽的制作手艺却一度被轻视，有人曾对我说，缸炉只是试火用的饽饽，没有技术含量，就是个甜饼子。其实，这种说法必然出自不会制作缸炉的外行口中。

最讲究的缸炉称为“八宝缸炉”，最早出现在宫廷饽饽中，由内务府烘炉局定期制作，除了宫内茶宴和宴席饽饽桌子使用，还发往各亲王、郡王、贝勒、贝子府上，以及镇国公、辅国公等凡有此类名号之家。

因此八宝缸炉名气很大，也就出现在了京城饽饽铺的招幌上，只是有的为避讳皇家名称，招幌上便缩减成“七宝缸炉”。

缸炉之滋味既普通又奇特：普通在于外观并无复杂花样，甚至烤面还显粗糙；奇特在于口感香甜，却有粗粮的爽口、散落，又似有大米和黏米的黏性，不是和面加油上火就能烤出来的饽饽。

近些年再见到缸炉，真成了使过头香精的贴饼子，无法入口。因为缸炉所用香料为桂花，而如今的桂花不少是用香精加工的糖桂花，用上双份也不见香气，却出来邪气，食之兴味索然。如要达到缸炉早年的品质和香气，内里那一份桂花比一块缸炉还贵。

有一次，我在富华斋饽饽铺讲课，大雨中进来一位老者，说是穿过北京城，从东郊来买缸炉，因为吃不着原汁原味的缸炉，再远也得来买。

·饽饽复兴，时不我待

传统饽饽中还有不少已经失去很久、无法寻觅的，如用搓条饽饽搭起来的万字蜜供、宝塔蜜供，重阳节的九层卧果花糕，十斤重的郁仪官月饼，孩子们爱吃的杏仁干粮，骑马出游爱带的勒特条、勺子饽饽，松软细腻的孙尼额芬白糕，还有当年芙蓉斋的芙蓉糕，裕顺斋的焦排叉、喇嘛糕等，这些都曾是京城饽饽的经典，让人回味。

要想恢复当年勤行白案和烘炉业的知名饽饽，不是仅听说个名称便可制作恢复的。其中的原材料品质、配比、制作程序、动作方法、力度大小、加料次数、温度调制、火候大小等诸多因素不下十几种甚至几十种，需多种条件控制才能成活。

比如槽子糕的制作，必须将糖、蛋、蜜打成打泡高丽，仅这个步骤就容易出现多种结果，以致烤出来的槽子糕硬如砖头或软如奶酪。如果再加入多种果料，制成八宝槽子糕，这类高丽就更难打。有的饽饽只能加入蛋黄而不能加入全蛋，否则就会烤成“砖头”；还有的使用刻花模子，上火就鼓，出炉便成了馒头。此类都需要多次调制炉火温度，才可烤出清晰漂亮的纹饰来。

这一切所需要的都是技术，绝不是如影视剧中所传，一个巧不可阶的“秘籍”便能制出什么美食，真正可以传承的是人才和技艺。当前，国家各行各业都需要培养匠师，要想复兴中华伟大的文化和技术，必须从根本上抓起。可喜的是，饽饽糕点也有用心之人，在努力实现恢复优秀饽饽糕点的传统技艺——一个典型的传统饽饽铺富华斋已经在京城崛起，让京城百姓能再度品尝曾在百年内失去的老滋味。

富华斋奶茶部的中堂及奶茶和奶饽饽

五朝古都忆粥品

粥类是中国独特的传统食物，《周书》有记载："黄帝始烹谷为粥。"老北京人讲究喝粥，大致可以分为两类：一类是为饱腹而喝粥的"穷喝"，那是将就；另一类是为享口福的"细喝"，那是讲究。

穷喝者为穷苦人，吃不起"干粮"，如烙饼、火烧、米饭、面条之类，手中所有镚子儿只够喝碗稀粥。这种喝粥者所喝之粥皆为廉价之粥，如棒子面粥、小米粥、高粱米粥、菜粥、糠粥。这些粥对饥饿者来说无所谓口味，填饱了肚子就不错。吃时所就的菜品也就是"大腌萝卜棺材板（腌萝卜的一种，其制作粗糙，竖刀将腌萝卜切成大片，因形如棺材板而得名）"之类的粗菜。“穷喝”基本上是自己熬粥自己喝，京城人很少有穷得揭不开锅还上饭铺或饭摊上喝粥的。饭摊上也有粥，即使便宜，穷人也喝不起。

有钱人喝粥是享口福、调剂饮食品类，或因牙口、习惯、年龄的关系，爱喝某种粥品。上至皇帝、太后、王爷、宫妃，下至大家大户、普通百姓，各有各的粥品可吃。有一种小肉粥，就是清代宫里常做的上等粥，使用上等好米，加入瘦肉、冬菇、冬笋、虾仁、海参、葱姜米、细盐、胡椒，熬出来香气扑鼻。还有腊月初八常喝的腊八粥，因制作的本家不同，投料各有粗细。皇家自然讲究，包括光禄寺、雍和宫所制的腊八粥都要送内宫，因此用料上等，不但要有八种粮米、八种豆类，还要投入八种干果料。

八宝粥与腊八粥相似，只在用料上多了果脯类甜品，如大枣、桂圆、青梅、佛手等。旧时京城的饮食习惯受宫廷影响，喝粥也是上行下效，只是“下面”所制作粥品的投料不及“上面”讲究。每逢盛夏喝的荷叶粥、莲子粥也很具京城特色。

京城粥品中还有令人难忘的品类，很具有生活气息和趣味，但是这类粥品如今却成了消失的滋味，已难在街头店铺中寻觅。首先便是“仓米粥”，即用老仓米熬的粥。老仓米是京城十三仓长期储存的一种老米。清代旗人吃“钱粮”，“钱”是俸银，“粮”就是仓米。十三仓所存大米必须保持一定的库存，逐年轮回发放。库存时间长的大米，因受热和压力而变黄，用以捞饭或熬粥，没有腻人的油性，颗粒散落，并有淡淡的焦香味。整日鸡鸭鱼肉、鱼翅海参吃着的人，最忌油腻，仓米饭就显得特别适口。上至皇帝、太后，下至商家、富户，都爱吃老仓米，吃仓米甚至成了当时的时尚。仓米也称为老米，“老米粥”“老米饭”在御膳中时常出现，街市上便也有了“老米粥”。这种粥依然不贵，粥嘛，水多米少，熬到了火候就行。那时候旗人月月有钱粮，必然不缺米。但是家庭熬粥锅小、量少，熬不出大锅粥的味道，不像专业粥铺或粥摊熬出的粥那么香。因此，仓米粥就不单是一般普通人喝的东西，三爷、五少爷、二奶奶也喝粥铺、粥摊的粥。

仓米粥盛极一时，谁料到，八国联军进北京，烧杀抢掠，十三仓被洗劫一空，不必说仓米，有的连仓房都没了。后来没了水道运输，改为铁路运输，随运随吃，当年国家也没有什么存储，官员、旗人只能吃新米。1924 年，新米也没了。但是，遗老遗少们还不死心，一个劲要吃仓米，商人便把所存仓米高价出售，赚了一笔横财。所存仓米吃光之后，开始有人“复制”仓米，以假乱真，又赚了几年钱。此后，“复制米”没人信了，仓米粥从市面上彻底消失。

还有一种小商贩沿街叫卖的粥——豌豆粥，现也已绝迹。豌豆粥不是可以充饥当饭吃的主食，而是休闲适口的“碰头食”，孩子们最爱吃，因为价钱便宜，在街市间巷中很受欢迎。此粥还有与众不同之处，就是盛进碗里的瞬间变化，常引起孩子们的兴趣。叫卖豌豆粥的小贩挑着挑子，一头是粥锅和炉子，保持着粥品的温热；另一头是用具、碗勺碟筷和各种辅料。买粥的来了，商贩就取出青花小碗，用铜勺盛取豌豆汤，然后再盛少许豌豆，此时，豌豆和汤在碗里处于各自分离不溶不化状态，绝对不像粥，就是“水煮豌豆”。当商贩从小瓷罐中盛取白糖和桂花酱放进碗里，用小铜勺轻轻一搅时，水煮豌豆立刻变成了一碗稠乎乎的豌豆粥，吃起来香甜可口，回味悠长。

在 20 世纪 50 年代还可见到一种大麦粥，这也是由挑担商贩沿街叫卖的一种小吃。大麦粥制作简单、成本低廉，汤多、麦粒少，但是却非常细滑，既可充饥又能解渴，很受孩子们喜爱；吃时不放白糖而放红糖和桂花，更是别有风味。如今，人们很难再吃到这种小商贩肩挑叫卖的零食了。

早年京城家家都会做的“酸粥”，现在也无影无踪了，且再问北京人，即使很多号称“北京通”的也不知酸粥为何物。有不少人将豆汁叫酸粥，真是差之毫厘，谬以千里。酸粥的主要原料是非常廉价的玉米面或小米面，熬成稀粥后盖上干净的屉布，在常温下发酵，一天至两天便可发酵成酸甜可口的酸粥。酸粥不但好喝，而且很助消化，属于发酵食品，营养丰富。讲究的家庭还在酸粥上加放几种果料，便成了“八宝酸粥”，是招待贵客的上等佳品。我曾教授学生制作此粥，将其列在豪华宴席中，顾客吃过山珍海味后再品尝一碗酸粥，无不感叹叫绝，一碗酸粥令整个宴席增色。

粥品在盛大的宴席和烹饪技术中似乎无关宏旨，但在真正懂得口味的食客心里，却是那样温馨。尽管五朝古都所盛传的“碰头食”曾经在历史上给百姓以口福，历史的沧桑却无情地忘却了它们。如今，除了我这个细大不捐的老朽还在努力恢复这些古人的“遗产”外，街市和商家再也难找到这些老北京的粥品了。

（插画 / 郑莉）

满式饽饽和奶茶铺

老北京有个童谣，是说满族习俗瞧亲家的，其中有几句是：“阿哥阿哥你上哪儿？我到南边瞧亲家。瞧完亲家到我家，我家没别的，鞑子饽饽就奶茶。”鞑子饽饽就是满式饽饽，奶茶也是指满式奶茶。那时，京城有专门经营鞑子饽饽和奶茶的铺子，即为奶茶铺。京城有一句歇后语：“奶茶铺的炕——长条儿。”这便是老北京奶茶铺的一个轮廓。

奶茶铺一般规模很小，呈长条状，进门两侧是桌椅，中间是通道，靠窗户一面搭有条形铺，供顾客落座，全长可坐数十位。这种平面布局与其他饭铺类买卖截然不同，给人深刻印象，便有了上面那句流传京城的歇后语。

说奶茶为满族之特色，其实起源还是蒙古族。满、蒙八旗共同生活日久，受蒙古族影响，满族逐渐嗜好奶茶。满族入关后，为适应其生活习惯，京城商界才支持在街市开设奶茶铺，所经营的奶茶和饽饽皆是典型的满式饮食，不吃此口的汉人一般并不光顾。

奶茶铺不同于大茶馆。大茶馆无论哪种类型，其顾客容量都较大，殿堂宽阔，可以进行除喝茶以外的不少活动。奶茶铺则只供喝奶茶、吃饽饽，很像后来的小吃店，客人可以在座位上边吃边聊天，但没有什么集体活动。

奶茶铺主要是卖奶茶，随之则有与其相配套的冷热饮品和吃食。茶类除了奶茶，也有花茶，但一般不卖南茶，如普洱、铁观音之类。饮品类有奶酪、核桃酪、杏仁茶、红果酪、西瓜酪、杏仁豆腐等。除此之外，便是各类干奶酪和饽饽。奶饽饽可以是在酥皮中加入奶皮或奶油，也可以是在馅中加入奶皮或奶油、奶酪。总之，饽饽的成分中以奶制品为主，自然有奶香之味。典型的满式饽饽如萨其马、勒特条、奶乌他、水乌他、奶皮子、奶皮卷、墩饽饽、奶卷子、勺子饽饽、槽子糕、苏子叶饽饽、苏子茶食、莲子粥等，一般俗称“鞑子饽饽”。

奶酪是奶茶铺绝不可少的供应，也是满族和汉族均喜食的奶类佳食，口感细腻、清香，营养丰富。其制作过程较为繁复，先将优质奶入锅熬开，加入白糖及适量江米酒搅拌均匀，装碗，放入木桶中用炭火烤制，即所谓的“烤酪”。其实，奶酪是在恒温下发酵，待碗中奶酪发酵成熟，即已凝固如嫩豆腐状态，再放在冰上冰镇待用。冰镇的目的，一是停止发酵，避免发酵过头而酸败；二是保持冷食的温度和口感。讲究一点的，还在放有奶酪的碗中加入果料，一般有山楂、果脯、葡萄干之类。果料也有用果汁冰冻后打成果子冰来装饰的，味道更为丰富。老北京有一首词曰：“新鲜美味属燕都，敢与佳人赛雪肤。饮罢相如烦渴解，芳生斋颊润于酥。”后来有了烤箱和冰箱，烤酪就使用烤箱，冰镇就使用冰箱了。

奶茶铺不但供应优质的奶卷子，而且还向熟客外卖。制作奶卷子，要将鲜奶入锅慢熬至黏稠，摊成薄皮，在两面分别卷入山楂和白糖芝麻馅，分段切开呈“S”形卷状。由于原料不得有半点使假，工、料消耗皆多，所以其价格较贵，是馈赠亲朋的佳品，也是奶茶铺的主打。如今市面上也流行“奶卷子”，其个头硕大、价格便宜，细算绝不够本钱，于是便有掺杂使假的，用芸豆、山药、奶粉之类混搭制作，不必说营养，口味也全然不对。

奶茶铺的饽饽类绝大部分属于奶饽饽，而其主打的饮品便是奶茶。京城所见奶茶，不仅仅在奶茶铺，在“八大堂”“八大楼”和番菜馆均有，满族家庭也自制奶茶。这些奶茶，除了满族所习惯的蒙古族奶茶外，也有藏式奶茶和西式奶茶，而奶茶铺的奶茶一般是宫廷奶茶。宫廷奶茶是清代皇家御膳中不可或缺的饮品，如慈禧喜爱奶茶，有专人为其熬制，且用料和熬制程序也很严格。一般民间奶茶使用的茶品和奶料,相对于宫廷奶茶,则比较粗糙。

京城奶茶铺虽是满族特色，但是清代却没有满族经营。那时满族拿钱粮而不许经商。民国后，京城奶茶铺已有满族经营，其奶茶和饽饽依旧是原汁原味。知名的奶茶铺，如东安市场的丰盛公有口皆碑，其经营者为正黄旗满族何子照，他曾得宫廷御膳房师傅真传，故手艺精到。当时家父曾在润明楼、海丰楼带两位家兄要手艺，与何家关系密切，所知其奶茶铺之情形确实很不一般。丰盛公在民国时期名扬一时，后来公私合营，便不知变故如何。我的老学友中有位何先生，为何子照后人，却是古建筑专家，关于建筑风水有大部专著，也谈起过奶茶铺的事，但未能继承先人。还是我的外祖父，因在御膳房而得鞑子饽饽之制作手艺。当时京城奶茶铺正兴盛，普通百姓将鞑子饽饽和奶茶视为“细品”，但由于当时奶类在京城尚未普及，汉人很少在家庭中自制奶茶和奶饽饽，便也时常光顾奶茶铺闲坐。京城还有其他奶茶铺，曾经有不错的经营和口碑,如护国寺西口的香薷轩在西城就很有名气，但在民国后期已经歇业。

街头巷尾尽零食

京城小吃中有一种不可或缺的食品，便是街头巷尾尽可买到的各类零食。许多京都杂咏中都生动地提到这些零食，如《铁船诗钞·咏都门食物作俳谐体》道：“着手麻花腻，粘牙豆粉凉。”还有：“杏酪醍醐味，楂糕琥珀光。”前者为手把零食麻花和碗装零食凉粉儿，后者便是极有名的碗装零食杏仁酪和山楂酪。许多忆京都词或竹枝词中也都述说过京城那些令人难忘的零食小吃。

零食不是解饿饱腹的食品，也不是宴席中的头汤大菜，但因其制作简单、价格便宜，且风味独特、口感诱人，在“碰头食”中得以扬名。零食往往是孩子的口腹之福，实际上也为他们补充了不少特殊营养，还可以哄孩子听话，不“闹磨”。老人因年纪大而口中乏味，三餐茶饭中经常觉得无滋味，而零食多口感独特丰实，因此也颇得老人喜爱。

京城的零食多以京城及附近所产的原料加工制作，既新鲜易得，运费又低，多在街市小铺、小摊或沿街叫卖的商贩出售，俗话说的“糖豆大酸枣”即为此类，分为单个出售、单碗出售、散货出售等不同方式。

· 散货零食

散货零食一般是将原料经过简单加工制成的商品，如炒花生、五香花生米、煮花生米、花生蘸、开花豆、糖豆、玉米花、铁蚕豆、五香蚕豆、牛筋豌豆、糖炒栗子、挂落枣、核桃、柿饼、黑枣、杏干、榛子、玫瑰枣、葵花子、白瓜子、核桃蘸等。

散货零食一般是散装的，如装在口袋、麻袋、柳条筐、木箱等容器中，成批运输与储存，销售时，临时为顾客用简易方法包装，如用荷叶、豆纸、报纸、包装纸等，包成临时所购数量的货包，有的甚至直接倒在孩子手里、口袋里拿走。

散货零食多是用颗粒状的原料加工而成的零食。有的小颗粒干果如挂落枣、槟子干、苹果干、杏干、黑枣、葡萄干，均是晒干出售，没有复杂的加工。而各种干果便多需加工制成炒货出售，如葵花子、白瓜子、西瓜子、榛子、蚕豆、花生、黄豆、豌豆、玉米豆等。这类零食加工程度各不相同，有的只在炒锅炒熟即可；有的需要加香辛料，增香提味，常被称为五香炒货，如五香瓜子，五香花生米、五香杏仁等；有的挂糖，如花生蘸、糖豌豆、糖米花；有的油炸，如开花豆、油炸花生米。但是大量制作、运输和售卖的还是普通炒货。旧时京城有专门制作炒货的炒货屋子，手艺精到，炒出来的成品香、脆、酥、鲜。一般商贩多从炒货屋子趸货，再去沿街叫卖，成了旧时京城一景。尤其是在冬季夜晚，商贩沿街叫卖，“葫芦儿，冰糖的”“抓把空儿多给”“萝卜赛梨耶，辣了换”……此起彼伏、清脆婉转的叫卖零食声，萦绕着古城的旧日情景。

· 碗装零食

碗装零食一般含水量较高，所以多是夏季解渴的冷食。这类零食应属零食中的上品，既可平常随时食用，也可就餐时入席，价格比糖豆大酸枣之类要贵得多。

碗装零食的加工要比散货零食复杂得多，但与其他小吃相比，程序仍较简单，有的近似小吃，有的还可以上席面，如冰碗、果子干、山楂酪、西瓜酪、奶

（插画 / 郑莉）

酪等。其他还有小铺、街头摊贩或游商销售的酸梅汤、面茶、茶汤、凉粉、豆汁、豌豆粥、糊大糕、酸枣面、芝麻糖、山楂糕、果丹皮、豆面糖、关东糖、梨膏糖、棉花糖、冰棍、刨冰等。

最小的碗装零食应是挑担小贩卖的“糊大糕”。盛装糊大糕的碗不是瓷碗、木碗，而是一种“江米碗”——将江米用模具加工成小碗，如小酒盅般大小。糊大糕是用制作山楂糕的下脚料制作的，其中含有部分残存的山楂糕，但多数成分是山楂核。商贩制作完山楂糕后，为了让这种本应丢弃的下脚料再创价值，于是加入糖精、色素、水和淀粉，制成口感酸甜、色彩艳红的糊大糕。吃在嘴里满是山楂核，但是确实有浓厚的山楂滋味，且价格极便宜，有时还带“彩”，所以孩子们很爱买。

用山楂制作的碗装零食最有名的是“山楂酪”。

将山楂煮熟，打碎，过滤掉皮、核，加糖熬制成膏，在冰箱中冷藏凝固成冻，改刀成菱形小块，再倒入山楂汁，冷藏后，便是酸甜可口、如脂如酥、细腻漂亮的山楂酪。如今的山楂酪多使用琼脂作为凝固剂，使用得当尚可，使用过量则易失去鲜嫩口感而效果拙劣。早年的山楂酪多在店铺或庄馆中制作，既可作为零食出售，也可作为席面的冷碗上桌。

与山楂酪相似的碗装零食是奶酪，最初在奶茶铺制作和出售，后来随着满食在京城越发普及，店铺和庄馆也都会做奶酪了。奶酪是用鲜奶加入酵母发酵而成，也可以对入江米酒发酵，放在蒸箱或烤炉内加热发酵而成，装碗时可加入适量果料装饰，丰富口味和营养。当年，京城还有在街上叫卖的零担小贩将加工好的奶酪装在木箱中，用冰块镇凉，挑担沿街叫卖。

冰碗是京城夏季很有名的冷碗，也因成品须冷藏后食用而得其名。早年的冰碗实际上并无冰，主要由初夏的鲜货组成，其中必不可少的有鲜核桃仁（去皮）、鲜莲子（去心）、鲜鸡头米（净米）、鲜杏仁（去皮）、鲜菱角（去皮）、鲜藕等。将主料煮熟，过凉，改刀装碗，兑入凉透的糖水，放入冰箱镇凉即可食用。当时京城什刹海旁边的荷花市场常见此物，有的商贩还在其中添加几粒颜色鲜艳的果料或冰块，十分惹人喜爱。

果子干是京城夏季常见的碗装零食，多在摊贩或冷饮店内出售，街巷游商很少卖，因为行走携带不便，又需冷藏冰镇。摊贩常吆喝“果子干儿来，玫瑰枣儿来”，有的也和酸梅汤同摊售卖，以敲击铜盏招徕顾客。果子干原料主要是杏干和柿饼，早年常用“八大杏”大白杏或“关公脸”大红杏所制的杏干，柿饼则以磨盘柿所制之柿饼为好。其制作方法是：将杏干清洗干净，入锅加水烧开后即关火浸泡，以免烧煮时间过长失去滋味；柿饼用手撕开，入锅加水烧至刚开即关火，泡至柿饼柔软出滑润的汤汁；将制好的杏干加入柿饼汤汁中，加白糖、桂花和煮熟的果藕片，装盆冷藏冰镇后出售。果子干虽是零食，但在京城名声不小，还有文人墨客坐小摊上吃的。不少摊贩有意显贵，用来盛果子干的青花小缸也特别讲究，甚至有康熙青花、同治五彩的真品，引得不少古董贩也常去吃果子干，还真有以此捡漏发财的。如今果子干在京城已经难觅了，有的媒体介绍过某处果子干如何，但皆是用果脯制成。果脯是在糖液中浸制而成，实际上已经将果汁浸出，然后加糖，干燥硬化后果品原味已失去不少，再浸提已毫无滋味，多是靠糖或香精提味，与当年的果子干相差甚远。

此外，玫瑰枣也是碗装。玫瑰枣是选优质小枣（当时多用密云小枣）放汤煮熟，加糖和糖玫瑰后装碗出售。核桃酪是将核桃仁打碎，加糖和琼脂熬制而成，冰镇出售。还有酸梅汤、梨汤、杏干汤等，在京城街市上均为碗装零食，商贩在销售时多有吆喝，更引人注目，很受食客特别是孩子们的喜爱。

·手把零食

手把零食一般没有改变原料的原始形状，食用者可以手拿把攥地食用，无须盆碗盘碟盛装，是零食中最方便的一类食品。煮玉米、烧玉米、烤白薯、煮白薯、茶叶蛋、糖葫芦、棒棒糖、冰棍、雪糕、棉花糖等皆属此类，传统的还有酸枣面、梨膏糖、果丹皮等。总之，都是些解馋吃不饱的小食品。

手把零食加工比较简单，食用方便，价格相对便宜，有的季节性很强。如玉米和白薯都具有时令性。玉米吃嫩，无论是煮玉米还是烧玉米，都要在秋季玉米即将收获之前上市，不然玉米颗粒成熟后就无法烧煮食用了。北方玉米大致有两种：一种是早玉米，称“麦茬儿玉米”，即在拔完麦子之后种植的早熟的玉米；另一种是“大田玉米”，春种秋收，成熟期长，产量大，个头也大。当时卖玉米的多是临时摊贩，或是乡间进城贩卖熟玉米的农民。

至于白薯，因为可以入窖保存，所以售卖时间相对较长。城里有固定的售卖商贩在商户门前、便道上支炉烤制出售煮白薯。煮白薯者一般也是手拿把攥着吃，顺带给食客一张玉米皮，托着吃。更讲究点的摊贩将白薯升格售卖，为食客准备托碟。煮白薯适当放汤，煮后汤内出糖，将白薯改刀装盘，浇上汤汁，吆喝："喝了蜜！"别有风味。

糖葫芦更是常见的零食类小吃，尤其是在节日或庙会上。其基本做法是选成熟的山楂果，搓净，过去不洗，而是用麻袋"串"，就是将红果装在粗麻袋内摇晃，以去掉外皮的泥土，再用竹签穿成串，熬好糖，蘸糖，凉后即可出售。所用之糖多是白糖，但吆喝总是"冰糖，葫芦儿——"，也有价格便宜些的，使用糖稀蘸成。

除了单个手把的糖葫芦外，还有大串糖葫芦，长则几尺，顶端插有彩旗，购买者得扛着拿走，多在庙会中售卖。还有的将山楂穿成大串，但不蘸糖，可以买了挂在胸前，如同"佛珠"。

糖葫芦除了穿山楂果之外，还有海棠果、黑枣、糖梨、山药、山药豆、葡萄、苹果、沙果、金橘等。做得精细的能在果料中加馅，如豆沙、枣泥、果料等，甚至镶嵌出花活，十分诱人。一般沿街叫卖的小贩不售卖这种糖葫芦，在比较讲究的果行或店铺内才有出售，有的还装盒用于送礼。

京城的零食也有部分南货，主要是各类南糖，如花生糖、芝麻糖、夹心糖等。东北货便是关东糖、糖瓜之类。均近于散装与手把之间。

零食虽然多属简易加工产品，但是商贩依然非常重视质量，该酥脆的必然酥脆，该甜香的肯定甜香。这些琳琅满目的零食不但为京城人带来五味杂陈的口福和生活消闲的乐趣，也为京城商业和市场繁荣立下功劳。

（插画 / 郑莉）

京城小吃的果料

小吃是正式饮食的补充，讲究的是经济实惠，所用原料必不会有山珍海错、燕窝鱼翅，多为就地所产，减少运输环节与费用，或以土特产为主，采用山坡零地、房边地脚，甚至荒山野坡所生所长的食材，所以成本较低，可以出售给平民百姓。早年，京城小吃多是几代相传的家族事业，比正式庄馆的勤行更注重传承的细节要求。原材料的品质是商家的命脉所在，不得有半点疏忽，用河沟子藕代替六郎庄的藕，便无法做出一流的果子干儿来。

京城小吃要想做到原汁原味，必须从选料说起。

· 果料是小吃的灵魂

在小吃的主辅料中，果料尤其重要。首先，因为果料口味浓重，酸甜苦辣入口便知，很容易确定小吃的风味与特点。其次，果料营养丰富、色彩鲜艳，令小吃色香味形俱佳，甚至有的小吃主料就是由多种果料组成，可以说果料是小吃的灵魂。

·果料的种类

果料一般分为干果料、鲜果料和蜜饯果脯三大类，如今的小吃果料还包括果汁类，但老北京小吃中很少使用。因为果汁是果料精加工的产品，当时价格很贵，只用于高级宴席制作或西餐烹饪。

干果料多是果仁类，如桃仁、杏仁、榛仁、花生仁、白瓜子、葵花子、西瓜子、莲子、鸡头米、银杏、栗子等，一般含油量高，并且具有干果自身的挥发油，香气独特，在小吃中起到酥、脆、香的效果。不少小吃在名称中便突出某种果料的特色，如瓜仁油松饼突出松仁的特色。干果料的特点是就地取材、加工简单、干燥后容易保存和运输。

鲜果类则是各类新鲜瓜果。水果类有苹果、梨、杏、桃、李子、海棠、樱桃、山楂、葡萄、槟子、柿子、梅子、荔枝、阳桃、香蕉等，瓜类有西瓜、香瓜、甜瓜、面猴等。鲜果在早年主要是吃鲜，一般不做过多加工，因为加工鲜果既增加成本，又影响其鲜嫩的口感，还浪费不少果料。只有一些具备特色的鲜果被加工成果料小吃，如山楂酪、山楂糕、西瓜酪、柿子糕等，目的是提高小吃的风味和细腻程度，使其更适口。

蜜饯果脯类有苹果脯、梨脯、杏脯、桃脯、海棠脯、山楂脯等。京城所产的果脯杂拌为知名产品，是将各类果脯按比例搭配而成，口味变化多样，外观五颜六色，既可包装后直接销售给顾客，又可作为小吃的辅料。果脯在制作中经过糖水腌渍、干燥等程序，有些添加了防腐剂、甜味剂和香精，普遍提高了含糖量和含水量，因此质地绵软、口感柔和。直接用水果制干的产品保持了原果的口味，但口味不浓厚，使用时仍要软化和添加酸味或甜味，如山楂干、葡萄干、梨干、苹果干、干枣、柿饼、黑枣等。

·果料的货源

北京是五朝古都，可以汇集全国各地的果料甚至国外的果品。果料直接影响到小吃的质量与风味，在选料上，京城各类小吃摊商都有几个原则和规矩：一看货样，二看商家，三看产地。

先说商家。供应原料的商家有高下之分，以果品为例，便有果局子、果摊和果挑三类。早年京城果品均为果局子销售，是典型的专业商家，发售南鲜北果、河鲜时物，是一种专业性很强的家传职业。因为果局子自有存货，所以不办窖货和劣果，名声卓著，凡小吃制作所用果品中相当一部分由这里供货，是果品中最优的供货渠道。后由于商业的发展，开始出现果摊。果摊多是露天销售，成本低、挑费少，价钱自然比果局子要低。但是露天销售，必然影响果品质量，出现风吹寒侵、变质腐烂，特别是销售打包果品时，常有劣品混迹包中，会有表面完整而内存烂心的情况出现。这便是第二等供货渠道了。果摊也有更小的，便是下街摆摊的“雨来散”，其中也分大小两种：支车为摊或撂地为摊，多是卖给路过闲人或孩子解馋。最不济的便是下街小贩，此类又分“京挑”、“乡挑”和“山背子”。这些下街商贩售卖的果品一般没有细果和南鲜，多是京郊的糙果，但是各有各的路数。京挑一般在市内走街经营，一路吆喝，果挑也比较干净整齐；乡挑则是乡下人打扮，其意思为原地原产、货真价实；山背子则是送货批发，捎带零售，总是让人感觉所买之货来自北山。

当时，京城的北果确实多来自北山，即平谷、密云、张家口、承德一带，成批进京，主要靠驴垛子运输。京东集中在东直门外十字坡，十字坡在下关南岔，有几家老店接货，都是以姓为号，如老金家店、老卢家店等，多卖北山糙货。驴垛子从土城奔德外冰窖口，再从城外到东直门外。从土城来的驴垛子也有部分到北城的外馆，货多时还有骆驼队，都要经过外馆骆驼桥，往西在馆街东北的井窝子卸货休息，饮驴、饮骆驼。买卖各自街头看货成交。还有的再往西到德胜门。

除了外馆，还有德胜门外的果市，从西北山区包括张家口及口外来货。各季所来果品不同，春冬有大酸枣、各类杏，夏天有虎拉槟、沙果、苹果，秋天有沙果梨、酸梨、山里红、鸭梨、柿子等。

买者需要看货样，直接观察所进的原料货物质量，这需要对原材料有全面的了解和丰富的经验。比如看西瓜，黑皮黄瓤是“黑鬼子”；瓤儿金黄色浅，籽红，便是“画眉子”，皆为正品；大三白、绿三白的质量便差了不少。香瓜中的“白羊角蜜”“旱三白”和“苹果青”脆而甜，可做冰碗；“大白”和“老头乐”则面而不甜，价格便宜，为牙口差的老人喜爱。

·果料的加工和使用

果料的简单粗加工如挑选、剥皮、晾晒等多在产地进行，如杏干、苹果干、梨干、干枣、柿饼、槟子干、黑枣等的简单晾晒则多在本地加工。后来有了机械设备，才出现工厂化加工。果脯因为制作程序复杂，且容易出现变质的情况，一般均在专业厂家加工、包装后提供给用户，特别是果脯和水果罐头。加工厂有的在产地，有的在京城和京津附近。

鲜果一般除了清洗，并没什么其他加工过程。此类瓜果销售须讲究时令、类别和产地特色。如瓜吃中伏是季节，至于黑鬼子、子红、大三白、绿三白放在何时、何位摆放出售，则是卖瓜的手艺了。又如桃子当中最先上市的便是

“麦秋桃”，收了麦子就吃桃，然后是香桃，其次是萝卜桃、竹叶青、六月白、马窑白、伏桃、蜜桃、玛瑙红、陵白、沟子白、大叶白、和尚帽等。大叶白产于深州，和尚帽产于廊坊……了解果子的季节、产地和特色，不但可以安排出售的先后次序，还能更明晰地知道什么主顾吃什么果子。

鲜果在小吃中多用于甜食或冷食，多是为了提鲜和提味。如制作冰碗，是使用鲜杏仁、鲜桃仁、鲜莲子、鲜鸡头米。这些鲜果仁口感并不浓烈，除了加冰糖外，也加入一些鲜桃，起到画龙点睛的作用。但旧时小吃加鲜果粒的很少，因为果粒难保鲜，易变色变味，故很少使用。

干鲜果仁在小吃中是极常见的辅料。饽饽点心的馅心中总少不了果料，尤其干果料是绝不能少的。如百果馅中几乎加入了所有常见的坚果，包括桃仁、松仁、瓜仁、花生、榛仁，以及多种果脯类果料。再如八月节的自来红、自来白，正月十五的百果年糕，九月初九的花糕等，都离不开干果料。花糕分层制作，每层先是用不同的馅料包酥成酥皮，每层酥皮之间均铺设果料，最上层是面层，要将各色果脯和果料码出吉祥图案，如步步登高、人寿年丰、吉祥如意等，使花糕整体五颜六色、锦绣铺装，色形俱美。花糕之“花”，便是以丰富多彩的果料而得名。还有百果年糕、八宝饭、八宝粥、腊八粥等粥饭类，均使用大量各类干鲜果料和果脯。

有的小吃主料便是果料。如果子干，主料是柿饼和杏干，略加点鲜藕、梨片和桂花，酸甜鲜嫩，汤汁香气袭人，沁人肺腑。其他如酸梅汤，也是以熏制好的乌梅为主料，加其他干果辅料和冰糖、桂花，在盛夏是消暑解渴、提神醒脑的佳品。

在京城小吃的甜品中，几乎都有各类果料。如茶汤、三不粘、炒三泥、烤苹果、蜜汁山药、炸段宵、焦梨火枣、雪藕冰桃等，干鲜果料的加入令甜品的滋味更加丰富与深厚。

京城的果铺对制作工艺也非常讲究，且熟悉果料在京城、近郊或外省的产地，厂家或店家绝不敢掺假。如小枣多用密云小枣；玉米面则用庞各庄玉米；果藕用筒子河白花藕或用六郎庄果藕；香白杏产于宛平县龙泉坞；樱桃产于德陵；红梨产于雁背；荸荠用草桥的，俗话说“草桥荸荠大于杯”；大米选用玉泉山、小汤山的。此外，还要讲究季节，即使果品放入冰窖，也要分何时出窖。中秋出窖为“节起儿”，属于“热窖”；小雪出窖则为“冷窖”。不同时节出窖使用，果子口味有很大变化，都是小吃制作者应该知道的。总之，只有掌握果料的产地与渠道、货品的保存季节与规矩，才能做到货真价实。

小吃虽小，当年实在不敢粗制滥造，即使简单的加工也必须丁一卯二，无论原料还是刀工，稍不精心便会使吃食品性有霄壤之别。

头蹄下水

所谓头蹄下水，是指猪、牛、羊等牲畜身上除了食用的主要部位外的其他下脚料，包括头、蹄、肝、肠、心、肺、肚、腰子之类。京城食客五方杂处，各有所好，那些吃不起庄馆大餐的食客退而求其次，寻求一些物美价廉的美食。头蹄下水正是制作此类美食的主料。下脚料不上正席，价格便宜，但因脏器腥膻，需另行处理，使得京城厨师发挥聪明才智和卓越技艺，匠心独运，研究出不少头蹄下水美食，如烧碟宴，因另有专文介绍，此处不再赘述。

（插画 / 郑莉）

· 炒肝

京城的炒肝几乎无人不晓，其见之于市大致在清代，如鲜鱼口内的会仙居和天兴居便是知名的炒肝铺子。

早年，炒肝的原料里不但有肠和肝，还有心和肺，制作也不勾芡，与当今的炖吊子极其相似，只是烹饪技法和使用的辅料不同，百姓中曾流传一句歇后语：“炒肝不勾芡——熬心熬肺。”后来，去掉了心和肺，并且勾芡制作，逐渐演化成如今的炒肝。

炒肝的制作其实并不简单，由于主要原料是猪内脏，必须去掉脏器味，还要保留肝、肠自身的滋味，如果滋味全无就不是炒肝了。但不少外行甚至行内的人也说要保留肠子的脏器味，这就完全走错了路数。

制作炒肝，首先要会正确起锅，要点是用香油起锅，先炸大料，再炒蒜末，起锅香气袭人；然后，下姜末、黄酱、酱油、白汤和盐，调好口味。炒肝的另一要点是清洗原料，特别是肠子，要用盐、碱、醋三种辅料反复灌洗，并去掉粘连肠内的烂油、白油和黏膜，可保留部分肠上洁净如膏的脂肪，不能只剩肠皮。将肠子下锅煮熟、煮透，并清洗干净，切段；猪肝要清洗干净，切斜片，在开水中冲烫一次；将切配好的肝放入调好口味的汤中煸炒，是谓“炒肝”；将肠段放入汤中，用盐和味精再调口味，用团粉勾芡，上面再撒蒜泥，便可装碗食用了。

·炖吊子

炖吊子，实际上是炖猪下水，包括肠、肝、肺、腰子等。其最重要的操作是清洗物料，一般是用盐、碱、醋轮流反复清洗，至无泥沙、黏液、烂油、黏膜等物，无异味。将清洗好的猪下水下锅煮至熟烂，分别切段、切块。锅入底油，炸葱、蒜，下黄酱，加清水烧至水油乳化后，放入各类下水煸炒，再加汤或开水、酱油、盐、大料、桂皮，炖至物料熟烂即可。此菜须保留下水的原味香气，并使香辛料味道稍有露头，方有滋味。

炖吊子实际上是家庭菜或闾巷菜，庄馆一般不做，只在个别二荤铺有售。但是，满菜的宫廷菜中却有此菜，因此说是宫廷菜也是事实。

·猪头的专业加工：熏鱼儿作坊

过去，熏鱼儿作坊在京城很有名气，因为其所制售的熏鱼儿和其他制品之精致，连庄馆都望尘莫及。其中最出名的便是熏鱼儿。说是熏“鱼儿”，其实是借助鱼之鲜味制作而成的猪头肉。

熏鱼儿之所以久售不衰，实在是因为其滋味深厚、口感清香。普通猪头独有一股腥气，极难去除，京城吃猪头肉或酱或烧，但绝是作为冷荤才好，不像南菜那样“烧猪脸”，带汤汁上桌。

熏鱼儿作坊可以将这类下货变为珍馐，其重要诀窍是不用香辛料加工，因为香辛料虽然可以使肉类提香，但也使其异味加重。故此，在初步加工中除了葱、姜，其他一概不用，似为白煮，但却要口味深重，必要使盐，即口味要偏咸。为了避免猪头肉煮太久至糟烂，破坏外观与口感，所煮时间只能达到肉烂的八成，冷却后可切得薄如纸张，增加肉的细腻与味道的醇厚。特别值得一提的关键步骤是熏制，必须用百年的老柏木，其树脂已经失去燥性，变得清香异常。然后，在熏屉中码放已经炸过的黄花鱼，以其垫底，将煮好的猪肉放在黄花鱼上，从熏屉下面点柏木，暗火徐徐熏制到适度后出屉，晾凉。这样精致的程序保证了熏鱼儿的香气袭人。

京城早年沿街叫卖熏鱼儿的商贩，均到熏鱼儿作坊取货，绝无自行制作者。日落傍晚，商贩背着木箱，沿街叫卖："熏鱼儿喽……"让那些等待吃酒、下饭和解馋的食客为之兴奋。

熏鱼儿作坊还批发给商贩们不少猪下水制品，包括熏肚、熏大肠、熏肝、熏猪脑等，都是极受食客青睐的碰头食、下酒菜。

熏猪脑依然是头蹄下水的加工制作。因为猪脑有特殊的异味，一般酒楼根本不做，轮到熏鱼儿作坊制作，便显出绝技。猪脑清洗必须撕去外膜，撕不好的话，整个猪脑便散碎成泥。将猪脑清洁好并保持完整后，须先下锅煮熟，然后在熏锅内熏制。熏制好的猪脑绝无异味，反而清香飘溢，诱人食欲，是很好的佐酒小菜。除此之外，卖熏鱼儿的还代卖一些熏鸡子儿、熏豆腐干、熏苦肠之类，并且还配卖一种白面火烧。买者将熏鱼儿肉切得薄如纸片，夹入火烧内，当时可吃。

京城的熏鱼儿制作大致有南北两派。南派在城里和南城制售；北派在安定门外外馆一带，更北可到清河、沙河制售。城里的熏鱼儿全部是红皮，用糖色和曲米染制，食色诱人；北城的皮色一律不染，保留肉皮原色。

·其他下水菜品

不少酒席宴会的名菜也使用下水，如炒腰花、爆双脆、九转大肠、焦熘肥肠、清炸大肠、抓炒腰花、熘肝尖、糟熘肚片等，都是将下水制作得极为精巧适口的菜式。有的下水部分经过精致加工，还成了高档宴席中的名菜，如用从猪蹄中剔出的精致蹄筋制作的蹄筋海参，便是“八大楼”的名菜；蹄筋排骨是宴席中的知名冷荤；抓炒腰花是宫廷“四抓炒”之一；爆双脆、熘肚片等为数不少的名菜中，都有头蹄下水的踪迹。

下水菜品中还有用其他肉类原料加工制作的。如羊头，除了酱羊头，还有更具特色的白水羊头。每年入秋之后，羊肉上市时，就开始有售白水羊头的商贩上街叫卖。

白水羊头清香四溢，其制法是将羊头清洗干净，放葱段、姜块，入清水煮至八成熟，出锅，拆开放冰箱冷存。将焙焦之花椒、丁香、砂仁研粉加入大盐成五香盐佐料，食用时，将羊头片大薄片，撒五香盐，便是极美的佐酒菜。

羊杂则是将羊的心、肠、肚、肝、肺之类清洗、焯过，改刀下水，加葱、姜及其他作料煮透，浇芝麻酱、辣椒油，撒香菜末，连汤装碗，即为“白汤杂碎”，是佐食名吃。

在知名庄馆中，羊下水还被制成高档名菜。如“扒海羊”，便是将多种羊杂或牛杂与海参或鱼翅同做，其中所用牛羊杂包括蹄筋、牛脑、羊肚、牛脊髓、羊舌等，将这些原料治净煨好后，下鸡汤煨㸆，收汁后打芡，蒙鸡油，拖入煨制好的鱼翅或海参即成。还有一种“扒海羊”是小馆子所做，是将海参和羊肉同扒，就不是本节所述的头蹄下水所讨论的内容了。

宫廷菜中，“烩全鹿”也是以鹿下水为主料烹制而成。其主要原料是鹿的心、肝、肺、肚、肠，煮熟后切片，下锅，用鸡汤煨入味，加调料，勾芡，撒香菜末，打鸡油成菜。如此，不一而足。

从头蹄下水的制作可看出，京城饮食与烹饪对原料可谓物尽其用，且适当而巧妙。这是京城烹饪与饮食经营的优良传统及与厨人聪明才智的结合，实在不可小觑。

俗食小吃入皇宫

早年京城并无小吃店，所谓小吃，除了游商、街头摊贩售卖外，还有大量的小饭铺、小饭馆、二荤铺、大酒缸、烘炉馆、大茶馆也卖。

这些小吃的魅力不但引来百姓俗人大快朵颐，皇家贵胄也是十分青睐。

· 俗菜不俗

早年我家父辈和兄长皆在世时，经常与行里的朋友会聚家中，闲谈手艺与菜品。这些人有的在庄，有的在馆，京城的庄馆菜数“八大堂”和“八大楼”名气最盛，大都不卖俗菜，炖吊子、摊鸡蛋、瓠塌子、炖萝卜、大杂烩，不会有人在会贤堂或致美楼叫这类菜。

唯独大哥希荣独辟蹊径，说出一套让众人瞠目结舌的话来。他说："据外祖父陈光寿讲，满族入关以前，由于是游牧民族，所以饮食习惯相对简单。待其坐了江山，自然要在吃喝宴席上讲究。但是，长期生活的饮食习惯不会短期戒掉。一方面，那些满族日常生活中所吃的俗菜必然会跟着走进宫廷；另一方面，满族走进了汉人统治多年的大江南北，特别是繁华了多少个朝代的京城，在饮食上也会逐渐沾染京城的老口味。这些菜品食习都不是燕窝、鱼翅、熊掌、猴头之类的上下八珍，而是就地所取普通原材料，用地方的烹饪技法所形成的特色菜品和吃食。"

大哥希荣曾经开列过一个《俗菜膳单》，既有名噪一时的老满菜、宫廷菜，也包含不少京城小商、小贩、小铺、酒馆和摊贩们所卖的小吃俗菜。据说这些俗菜都曾在皇室的御膳中出现，并为皇帝和皇亲国戚们所青睐。后来我在父亲和哥哥们的影响下下厨学艺，潜心研究御膳和庄馆菜的时候，翻阅了《清宫御档》的史料，证实大哥的《俗菜膳单》的确与宫廷御膳有着密切关系，"俗菜小吃入皇宫"确实不假。

有一次旧历年，大哥做了两道菜、两盘主食给家人品尝，一道菜形似扣肉，一道菜形似炖吊子，主食则是包子和汤面。他说："这四样菜饭全家都没吃过。猜到的有奖。"于是，众人开始猜哑谜，但没有一个能说出个所以然来。此时，外祖母从城里来到我家过年，全家一拥而上去迎接，自然还有外祖母带来的各种吃食和玩具。众人落座后给外祖母倒茶，她一眼就看见桌上的饭菜，然后看了看大哥希荣，便说：“今天过年要吃‘皇家饭’吗？”

原来大哥所做的菜是宫廷菜中的老满菜，一道是“大炒肉”，一道是“荤素大杂烩”，主食是“夸包子”和“萝卜汤下面”。外祖母太熟悉老满菜和宫廷菜了，她原也是父亲的师母，守着外祖父这位御膳房老人，对宫廷菜自然是如数家珍。她说：“大炒肉形似扣肉，实际上是满族早年的炖肉，要用‘真酱油’和黄酱在葱油中起锅，加入香辛料后，将五花肉打花刀在酱汤中焖炒，所用时间很长，故称‘大炒’。入宫以后便更讲究，要将酱汤滤清如水，收汁浇在炒肉上，色泽极为明亮好看，比炖肉细腻得多。”这听起来是俗菜，实际上入了宫廷却是极为费手的大菜了。

大哥说“荤素大杂烩”这道俗菜其实很是不俗，荤素主料各三种，荤主料是肝、肠、肺，素主料是豆腐、面筋、饹馇，配料是玉兰片、木耳。其制作过程是将荤素配料都单独加工焖透，再合成“杂烩”。没有掌灶的本事很难做出这种菜来。至于夸包子，是用白菜帮和猪肉做馅，本是极便宜的下脚料，但所做的包子极为可口，可以上满汉全席。萝卜汤下面主要是用羊肉将萝卜汤煨透，面是一窝丝，这是早年给皇帝专灶专做的一种汤面，一般手艺是很难做出原汁原味的。

听了外祖母和大哥的话，吃了大哥的菜饭，真是让人长了见识。如今，这些俗菜有的早已销声匿迹多年。回忆老北京的吃食，才知道其渊源极深。

·从市井上升到御膳的俗菜

就大哥希荣所传的《俗菜膳单》，只看其中数种，便可了解为何市井俗菜可以入膳单。

其中炒菜类有：大杂烩、荤素大杂烩、炖吊子、炒木须肉、爆肚、羊肉酸菜粉、羊肉丝、杂烩、炖豆腐、炖肉、炒肉、东坡肉、酱汁肉、爆炒鸡、烧鹿肉、丸子、猪肚子、肘子、酸菜丝、豆腐、大炒豆腐、烩豆腐、拌豆腐、水烹绿豆芽、青韭炒肉、糖醋山药、口蘑烧面筋、酸辣羊肚、野鸡蛋、野鸭蛋、摊鸡蛋、炖萝卜、茄子干、灌肠。

糕饼饭面主食类有：蜂糕、枣儿糕、甑儿糕、发面火烧、油饼、糖油饼、夸包子、羊肉包子、猪肉馅提褶包子、素包子、鸡皮馅包子、过水面、家常饼、粳米饭、老米饭、白面丝糕、涿州饼、瓠塌子、猪肉韭菜合子、豆腐馅包子。

烫饭汤羹类有：豆腐片汤、肉丝汤、萝卜汤下面、疙瘩汤、豆汁、奶茶、肉丝烫饭、面疙瘩汤、豆腐汤、馄饨、元宵。

冷荤冷碟小菜类有：拌粉皮鸡（鸡丝拌粉皮）、凉粉、卤鸡冻、拌老虎菜、野鸡瓜、酱黄瓜、咸肉、豆豉。

还有不少摊贩所买的吃食，如油条、油饼、炸糕、火烧、熏鱼儿、拆肉、卤丸子、切糕、老豆腐、豆腐脑、韭菜篓等，几乎在王府的日常饭菜中极为常见。

市井俗菜小吃入皇家膳食，自然与皇家饮食习惯的延续有关，皇帝王爷打小就好这口儿，成了王侯也未必能彻底改弦易辙，忘了早年的嗜好。但是，御膳房要做这些俗菜肯定也要在做工和原料上有所拔高，但基本的做法和口味不会改变。

比如最俗的豆汁，早期是贫苦人的饮食。粉房制作团粉之后剩下的混汤，沉淀下来的分粥状渣滓便是麻豆腐；将麻豆腐用羊油或猪油下锅炒，加黄酱、豆嘴、雪里蕻在锅里大咕嘟，然后浇上辣椒油，便是很能下饭的俗菜——炒麻豆腐；剩下的“清汤寡水”里面已没什么可吃的了，但也要再利用，这就是京城人不糟践东西的美德，这清汤寡水就是豆汁。

如今会做豆汁的人已经很少了，即便有，也不是很讲究的吃主儿。据史料记载，宫廷御膳房确实引进过豆汁，是皇帝听说京城已经流行此物，故让御膳房出去打听此物是否洁净可吃，然后单立灶生产。但是皇家所喝的豆汁比摊贩的豆汁要讲究得多。人们常说的“豆汁勾面儿”便常指皇家豆汁的做法。因为豆汁是一种经过发酵的绿豆食品，光靠生产完淀粉和麻豆腐之后的清汤寡水，熬不出什么滋味。故此，取来豆汁之后，要将小米面和糜子面混合加水调成面糊，勾兑在开锅之后半凉不热的豆汁中，借机发酵，以出现酸甜之物，不但营养丰富，滋味也变得酸甜可口，过滤后去掉粗渣，口感更加细腻浑厚。

（插画 / 郑莉）

需要说明的是，小米面和糜子面都不是用碾子或石磨直接磨出的普通面，而是要事先将小米和糜子浸水泡湿，涨发好之后，轻轻碾压破皮出粉，此为“粉面”。其质地极其细腻，没有任何麸皮。勾面儿必须使用粉面，不仅是因为其细腻无麸皮、无颗粒，而且在粉制过程中，就已经初步发酵，特别是在熬制时不易沉淀，汤汁浑然一体，滋味就更好。

这个俗食升级为御膳的过程，普通豆汁铺是很难掌握的，且其工料成本一般也付不起。我喝过外祖母与外祖父按所学的豆汁勾面儿制作的豆汁，真是酸甜可口，让人难忘。后来，京城百姓便在此勾面儿基础上用“粉”过的玉米面制作酸粥，加上果料称“八宝酸粥”，也是极其鲜美的闾巷小吃。

还有不少此类吃食从市井上升到御膳，其工艺变化很少有人知道。如在御膳中经常出现的“野鸡瓜”，原是满菜中的家庭俗菜，传到民国时期，京城百姓几乎家家都在春节前做出不少与之类似的菜，以备来客用餐，但是多称其为“酱瓜丁”。其做法是用猪里脊肉切丁，放葱姜丝，与酱瓜丁一起炒制，可夹饼或馒头食用，也可就米饭、粥类食用，很是清香不腻。

御膳中也经常出现野鸡瓜与酱瓜丁类，只是材料更加讲究。其肉丝必用野鸡胸肉切丝；酱瓜必用京城南苑一代所产“八道眉”瓜酱制而成，切丝透明如琥珀，吃起来清脆甘香，绝不死咸；葱姜切细丝必须长至一寸。底油用芝麻香油起锅，先炒野鸡丝至干香，再下酱瓜丝入味，不放其他任何调料，两丝炒熟后必须挺拔；后起锅放葱姜丝，翻炒，葱姜丝必须鲜灵，不能炒软变形，其实，就是“勺里拌”出锅。

在御膳中常出现的俗菜——肉丝烫饭，还曾出现在千叟宴的膳单中。据说老叟们对皇上感恩，宴会散后便有人用官服大襟兜着烫饭回家，即所谓“吃不了兜着走”。烫饭是京城家庭闾巷经常吃的俗饭，做法也很简单，但是进了皇家就讲究多了。首先是米饭必须使用老米，也就是俗话说的“仓米”，此类米在十三仓中存放时日很久，已经去掉油性，因此不腻口，还有一种特殊的香气；肉丝必用塌腰猪的里脊肉，切细丝；起锅用好黄酱所出的“真酱油”；出锅点香油，撒野鸡脖韭菜段。这在普通家庭闾巷或摊贩中通常无法办到，口感就相差太多了。

实际上，俗食要入皇宫，需在原材料选择、刀工、火候和色香味形上都要达到御膳的标准，不能直接将地摊食品或闾巷菜、二荤铺手艺拿进宫廷。由此，还可以反思，京城俗食小吃其实都有更进一步细腻加工的余地。

烧燎白煮中的烧碟

烧碟源于满族饮食的烧燎白煮，曾经在皇室、文人墨客、商贾富绅中流行。

烧燎白煮源于满族的祭天仪式。清代皇室定期在坤宁宫举行祭神仪式，通常要经历几天，其所用的供品便是黑猪。黑猪被宰杀后用专门的大锅白煮，俗话说："心到神知，上供人吃。"皇室将白肉供给前来吃"神余"之人享用，来者不拒，从宗室王公到贫穷的旗奴之家，众人大快朵颐，吃得汗流浃背。

吃"神余"，多的时候有几十口人，要吃掉十几口甚至几十口猪。多家祭神，所剩猪的头蹄下水之类相当可观，通常被处理给什刹海边上的下水棚子。因为价格极廉，故下水棚子便做简单加工，卖给贫穷的苦力之人，如拉车的、赶脚的、窝脖的、送水的、掏粪的……后来，有位王府休闲下来的太监，善于烹饪，指导下水棚子将原料加工成可口的菜品出售。但毕竟不是饭店、酒家，下水棚子的加工方法比较单一，以炸为主，当时满族也称炸为烧，如锅烧鸡、锅烧鸭，其实就是一种炸鸡、炸鸭。这便是烧碟菜的雏形。再后来，下水棚子演变成正式馆子，烧碟菜也越做越精，还加上了白煮，成了气候，招引到大家饭座也来吃烧碟菜。

烧燎白煮不但在京城庄馆中流行，也吸引了慈禧。慈禧每年常居颐和园，本来就不愿拘泥于循规蹈矩的宫廷饮食，自立野意膳房也算特立独行的路数，御膳房不能做的菜，她可以另起炉灶随意而行，使烧燎白煮也得到进一步的发展。她的烧燎白煮宴席，菜品多达128品。慈禧的吃喝自然会影响到臣民们，亲王、贝勒、贝子极善效法，烧燎白煮便成了名宴，在京城盛行一时。

早年的鲁菜厨师们守着京城，多会做烧燎白煮，特别是其中的烧碟菜，因为多是用六寸浅碟装菜，也称为“小烧”，是有名庄馆菜厨师的拿手菜。记得那时我进城去看望父亲、舅舅和哥哥们，一进饭铺喝上茶，就会上几个烧碟做茶食。过年杀猪时，大哥也会做庄馆常做的八个烧碟——炸里脊、炸肥肠、炸腰花、炸肝尖、炸子盖、炸排骨、炸鹿尾儿、炸响铃，当作“玩意儿”给家人吃。晚清到民国时期，富家办事多到庄馆，以白煮带小烧者为多。当时的烧碟菜多为24品，多的有48品、84品，已不完全是用猪的下脚料了，和大席面一样，有冷荤、热炒、甜品之分。

烧碟原是头蹄下水的综合利用，通过御厨的精心制作，成了“不进皇城的御膳”。烧碟宴的档次各有不同，因所用食材、厨师手艺和管理要求而异。民国时期，普通百姓吃到的烧碟宴席与一般京城“八大楼”的宴席价格不相上下，也就三五大洋而已。其中的菜品在二荤铺和小饭馆也有售卖，也是原汁原味。当时做烧碟宴最出名的便属砂锅居，能把头蹄下水制作成精美的“野膳房御膳”，其功夫十分了得。

如今，整桌的白肉小烧宴席几乎绝迹于京城，但是烧碟中的菜品却依然可以在京城庄馆菜中觅得传承，如炸丸子、炸里脊、炸肥肠、炸腰花、炸鹿尾儿、炸卷肝等。只是有些烧碟菜品的制作已异变不少，甚至有的形味皆无。

烧碟菜是一种经济实惠的传统菜品，琳琅满目的一桌烧燎白煮，没有燕窝、鲍鱼，没有鱼翅、熊掌，全席一律猪肉，也解救了不少珍稀动物，好生有德。我们这样的泱泱大国，在烹饪技术上要想在世界占有一席之地，不是靠捡西餐的“挂落儿”来修饰自己，老祖宗留下的好东西还是要继承和发扬的。

宴席的节奏与俗菜

宴席与日常饮食之区别，除了更具文化、礼仪的内涵，整体过程还需要有起承转合的节奏，不能是从头到尾龙肝凤胆大菜频频。只为吃饱，一碗炸酱面、一碗“氽儿汤”，就能吃得舒舒服服。要让众多食客群体在具有礼仪规矩的宴席中吃饱、吃好，就要有规矩、有规律，有进入、高潮和尾声。

在中国传统宴席中，完整的一餐有进门点心、迎客茶、落座茶、冷菜摆碟、大件、行件、烧烤、甜品、座底、粥品、香食、汤品、送客茶等。在这个过程中，不但要借菜品品质、口味来形成节奏，高潮之后要有低谷，从而组成高低错落的优美旋律。这低谷往往就是不可或缺的“俗菜”。

· 京城的俗菜

不论宴席菜档次高低，都有一些极普通的俗菜，既出现在普通饭铺、二荤铺和“八大楼”，又出现在“八大堂”和宫廷御膳之中。清宫御膳菜谱中常有一些俗菜，如小虾米油渣炒菠菜、小虾米油渣炒韭菜、大杂烩、油煸白菜、炒豆腐、老虎菜、茄子干、炒白菜、炖吊子、小炒水萝卜、炒蒜苗、糖醋萝卜、拌曲麻菜、凉粉儿、水烹绿豆芽、炖豆腐、疙瘩汤、炖水萝卜等。

这些俗菜之所以会出现在豪华的宫廷宴席中，是因为满族带有过去的生活习惯，在一场豪华的宴席的最后，不吃到那些早年的俗菜，不但缺少了自己心中深厚的滋味，也缺少了真能解饿的老吃食。一碗疙瘩汤入肚，那些燕窝鱼翅便都舒舒服服地消化在腹中。

· 宴席的节奏

在“八大堂”和“八大楼”的宴席中，大菜和行件菜品自然也都以名菜为主，所谓“吃席”自然要吃到有档次的大菜，不然请客者没有面子，被请者也会挑眼。一个席面依然是上下八珍、鱼翅燕窝之类当头，但是大菜上过之后，食客必然口味疲劳，出现一种腻口感，却又往往并没吃饱，这就需要在宴席的膳单中安排一些火候菜。所谓“火候菜”，原料多是普通鸡鸭鱼肉，通过掌灶厨师的滑熘、爆炒等手艺，做得色香味形俱佳。此类菜的主要特点是凭借厨师高超的手艺展现菜品的口味档次，如炮三样、干炸丸子、焦熘铬馇、熘肝尖、焦熘肥肠、炸八块、干烧黄花鱼等，在普通饭铺和二荤铺都很受欢迎。

这些俗菜出现在高档宴席间，似在辉煌灿烂的皇家园林里出现一片竹篱外绕、小桥流水的山村，使人心境一变，令整个宴席的节奏发生变化，食客也是胃口大开。

· 宴席中的座底菜

在整个宴席设计中，一般会有一段结束之前的过程，称为“座底”。在大菜和行件之后，加上烧烤，包括烤猪、烤鸭、烤鸡、烤哈尔巴子。这“四烧烤”是宴席的节奏从高潮转折的信号，自此进入尾声。但又绝不是戛然而止的结束，万一有哪位后来者还没吃饱，这不就怠慢了吗？于是，宴席就必须“柳暗花明又一村”，拿出真正能使每位客人都吃饱、吃好的满意膳单，此时要上的便是座底菜。一般最少是“八座底”，即八道硬菜座底，必然让每一位食客酒足饭饱。

这种节奏设计绝非一件小事。在这种宴席中，即使很多讲究的豪客吃过“四烧烤”就退席，去别处喝茶聊天，但席面上仍会有不少食客，所谓给本家面子。此时座底菜便开始上桌。

在大型满汉全席中，座底菜能多达四十八道。这是“四到底”宴席的“六六顺”结束后端上来的，现在看来，这样的座底确实很讲究了。

座底菜一般要选择火候菜或家常菜，而且要有硬菜。硬菜就是一定要能搪口解饱的菜，不能是汤汤水水的菜，如干烧黄鱼、炸八块、汤烧肘子、扣肉等。座底菜还有专门可以下饭的“香食”。所谓“香食”，就是类似咸菜的小菜儿。典型的香食菜如野鸡瓜，是用野鸡肉切丝，与酱瓜丝一起用香油炒制，其特点是用葱姜丝起锅，撒在炒好的鸡瓜丝上，翻炒出锅，口味香醇，回味悠长，不油不腻，可佐稀饭和粥类主食。再如京城闾巷菜中的酱瓜丁，是用猪里脊肉与酱瓜炒制而成，不但普通宴请宾朋必有，春节期间几乎家家必备此菜待客。最简单的香食菜如春菜丝，其实就是秋季刚收的芥菜头，外青内白，暴腌洗净，切细丝寸段，稍带辣味，撒白糖、米醋、香油，拌合装盘即成，口味咸、辣、香、酸、甜，极能下饭。更有香食菜如炒咸食，是京城百姓家的俗菜，通俗点说就是炒咸菜丝。依然是选用腌好的芥菜，去掉辣味，切长丝，配胡萝卜丝、香菜、粉丝，亦可加土豆丝、炸豆腐丝。锅下底油，炸花椒，单煸炒土豆丝和咸菜丝，断生后对白汤，或可加炒肉皮丝，然后加胡萝卜丝，撒香菜，点香油，出锅即成。此菜咸、鲜、细嫩，亦极能下饭。

不同档次的宴席有不同档次的座底菜。有的甚至还是一般厨师很难上手做好的菜。如焖雷震芥头片便是京城很有名的家常菜，不但口味奇鲜，且既下酒又下饭，一般庄馆的厨师多不会做此菜。旧时，个别庄馆以此为座底菜，其实是要在鸡鸭鱼肉的宴席中独露一手。我曾和母亲、大哥学得此菜。所谓“焖雷震芥头片”，主料是雷震芥头，做法是将带叶的鲜芥菜头连叶一起下缸，七天后出缸，再阴干至八成干，揉入香料后入坛闷封不得透气，第二年春雷出现，开坛即成。此后的做法便简单了，将芥头切片，与猪肉片焖炒，下饭极香。

还有乡间自家常做的秋石脚儿踢，也是俗菜，在宴席中常得彩头不少。脚儿踢是一种鲜嫩的小蘑菇，早春埋在野地土中，不待其出头，便可用脚踢出，最为鲜嫩。秋石则是一味中药。秋石脚儿踢的做法简单：将脚儿踢蘑菇洗净，入鸡汤中稍炖，加入秋石，出锅前勾玻璃芡，撒青蒜末即成。

其他如毛豆酸茄子、大豆芽羊肉炒雪里蕻、水芥豆嘴炒黄瓜丁、笃鲜茄、炒酸菠菜、素酱春不老、炸萝卜丸子等，都是上过宴席的闾巷菜。

俗菜不但可以调节宴席节奏，形成宴饮的韵律，提高食客的舒适度，还可以在宴席中推出广大食客熟悉的价廉味美的火候菜、闾巷菜和家常菜，使此类原本并不起眼的菜品得到传承和推广。这可以说是一种大含细入的手法，其中也具有经纬万端的学问。

盒子菜与消逝的盒子铺

春节之后，老北京的满汉民众还要寻求又一年的芳草绿与杏花红，于是总盼着再一个节气的到来：立春。按习俗，家家在此日吃春饼，俗称“咬春”。

春饼又名“荷叶饼”或“合叶饼”，是大小如巴掌的白面薄饼，两张为“一合”，在饼铛上烙熟，双面有均匀的饼花，中部空鼓，四周粘连。合叶饼虽是白面为主料，但是一般要加入部分低筋粉，或兑入部分烫面，所以饼质松软、柔润，卷时不开不裂，夹菜不洒汤漏水，咬春时用于卷菜。春饼的核心是其中卷进去的菜品。

·从合子菜到“叫盒子”

一般家庭受经济条件所限，在家吃春饼，自己做菜。最简单的卷饼菜便是俗称的“合菜”或“合子菜”，后来因为盒子铺也在立春时节及平时出售更讲究的卷饼菜，装盒子出售，称为“盒子菜”，普通百姓家的合子菜也有混称盒子菜的了。

合子菜的原料以豆芽菜为主，掐去老根，称“掐菜”，配以切成丝的白肉、发好的粉丝和切成寸段的春韭，还要俏进极嫩的红根菠菜。因为掐菜和菠菜段都需要事先焯好，故烹饪时主料和辅料都是熟货，只需加底油，起锅，加酱油、葱花、盐等调料，在适当的火候下拌和，就可以出锅装盘。所以烹饪这种盒子菜，俗称“勺里拌”。普通家庭吃春饼，除了烙饼、合子菜，还要再加一盘摊黄菜、一碗酸辣汤，便很完满可心了。

对于讲究的家庭，咬春就会更复杂一些。除了上述品类的自炒合子菜外，讲究的吃主还有自己再制的白肉、酱肉、熏肉、熏肚之类的冷荤。更讲究的官宦富户、文人墨客，便习惯于“叫盒子”——购买京城盒子铺制作的盒子菜。

·京城的盒子铺

京城卖肉的商户大致有生熟之分。纯是卖生肉的铺户，猪肉户称“猪肉杠”，羊肉户称“羊肉床子”。这些肉铺显然不经营盒子菜，不属勤行之列。但是，京城肉行里有不少“山东帮”，善做肉菜，便出现生熟兼有的铺户。生肉部分和猪肉杠基本相同，熟肉部分便是在店堂里增加一个“高案”。这是一个柜台兼案板，既可以交易熟肉制品，又可以刀工切配。为了避免在交易时刀伤客户，柜台案板特别高，操作师傅也坐在一个高凳上。顾客伸手够不到案板上的肉品，一是保持肉品干净，不被客户指点触摸；二是防止客户或怀抱中的孩子伸手，被刀误伤。这是此类铺户店堂的一大特点。

除此之外，正规制作和出售盒子菜的铺户不卖生肉，均以熟肉制品为主，对于肉品加工极其精到，这类铺户便俗称“盒子铺”。盒子铺的熟肉制品不但品质极好，且品类繁多，足够挑剔的客户选购，是京城熟肉制作更专业和品位一流的铺户。

盒子铺的熟肉制品一般常供应客户用于吃春饼。客户叫了“盒子”，铺户便很快派伙计或挑或提着食盒，将盒子菜送到家门，并不收费，转身便走。第二天，伙计去客户家中取食盒，一并结账。此间并无手续和收据之类，全凭彼此的信任。

·盒子铺的招牌和特色

盒子菜的种类繁多，但是在京城以猪肉制品为主，特别是以吃春饼所用的冷荤菜品为多。

最有名的就是酱肘子。酱肘子既可切细条吃春饼，也可切片吃家常饼卷肉，还可以作为冷荤佐食就酒。盒子铺的肘子有两大特点：一是烂糊，入口即化；二是香气袭人而又诸香不露头。

此外，还有酱肉、熏肉。熏肉也是相当讲究，所用熏料必须是柏木锯末，而且要失去木劲已经轻、松的老柏木。如果是熏鱼儿，还必须在肉下垫满炸过的黄花鱼，用马莲和秫秸捆好、码齐，一起开熏，将鱼味熏入猪头肉中，吃起来清香四溢，滋味宜人。熏鱼儿如果是作为盒子菜卷春饼，必要切成细丝；如果是夹火烧，就要切成如纸一样的薄片。

盒子铺的熟肉还有炉肉和清酱肉。炉肉本有专门加工制作的铺户，称“炉铺”，铺里有专门的烤肉炉。但是，盒子铺也能烤制炉肉，且味道绝不差于炉铺。炉肉除了切丝切片用于吃春饼、卷烙饼外，还可以制作炉肉丸子。这类丸子所加工之肉要求颗粒粗大，炸出的丸子个儿大、形扁圆，表面疙疙瘩瘩，但是口味却极为浓重。炉肉丸子除了装盒子菜，还可用于做炉肉白菜、炉肉锅子。那时，也有商贩趸来沿街叫卖炉肉丸子。买者回家夹火烧吃或做炉肉白菜，是一锅解馋好菜。

清酱肉则是一种北方人特别制作的肉品，类似南菜中的火腿。据说是有的北方人早年不习食用火腿，故有此肉品。清酱肉是用酱汁腌肉，这种酱汁是做酱时酱缸上面溢出的一种浓汁，色重，味极香而醇厚，其中包含多种氨基酸，营养丰富，蘸白肉吃极其味美。清酱肉的制作讲究“腌七酱八挂仨月”。腌七是指将猪肉用海盐和极少量香辛料搓揉加工七天，既揉去水气，也揉进香气；盐进入肉内，可以使之更易吸收酱汁的营养和味道。酱八便是指用酱汁酱八天，但是不可用黄酱直接涂抹，因为黄酱颗粒粗糙，杂质混淆，易使肉质粗糙、产生异味。随着制酱工艺工业化，清酱消失了，清酱肉也随之不见了。三十年前，我开始与大哥希荣恢复清酱肉制作，便只得用当今的黄酱滤取酱汁，所得结果极似当年的清酱，酱汁透明，味重而极易进入肉的细微部位，因此腌制均匀周到，色泽漂亮，口味浓重。

盒子铺的产品还有随时可吃的方便肉食，如松花小肚、酱大肚、香肠之类。鸡鱼类当年比猪肉要贵，但是盒子铺的鸡鱼制品依然很出名，熏鱼、熏鸡、鱼冻和鸡冻是特色产品，尤其熏鸡更是拿手，比各类熟肉店所制均有韵味。京城满族只认盒子铺的熏鸡。那时，酱鸡、扒鸡都难上大宴之席面。

一般庄馆的鸡冻和鱼冻很少做得出色，但是盒子铺的鸡冻和鱼冻却极为特殊，色淡透明，口味极其醇厚，肉与冻的比例合适，肉中绝不会有骨刺，是极好的佐酒凉菜。我家每年春节必做不少冷荤，其中鸡冻、鱼冻是餐桌上必不可少的味道。

盒子铺的盒子菜一般只称“盒子”，因为是整盒出售，故此买盒子菜便称为“叫盒子”。盒子铺加工切配剩下的零碎肉头、肉块儿、边角碎料，无法入盘，便用于打包零售。常用“抄子纸”或荷叶卷成漏斗形，装入碎肉，顶角向下一压，便成了一种锥形包装。此包称为“盒子菜”，卖给吃不起盒子的平民，回家给老人就酒，给孩子解馋，也有的喂猫，满族常用于喂巴儿狗。

过了春节，过了立春，还有“二月二龙抬头”，也有吃春饼的习俗。其实，在正月到三月期间，京城习俗里少不了吃春饼，盒子铺在春三月最忙；如果算上各类请客、吃饭和宴席所需，盒子菜几乎是常年销售的菜品。如今偌大个京城，已经没有一个传统的盒子铺，那些曾经的美味也随着盒子铺的消失而匿迹。

（插画 / 郑莉）

缤纷杂类煮饽饽

饺子起源于东汉，传说由医圣张仲景首创，后来流传各地，出现了各种不同的名称，如饺儿、水点心、水饺、扁食、煮饽饽等。

从清朝到民国的几百年间，煮饽饽在京城饮食中的地位没有改变，流传至今演化出各类风味。人们用不同等级的原料制作出不同身价的煮饽饽，甚至还出现了各类饺子宴。

煮饽饽是个俗食，人人吃过，家家做过，不是什么山珍海味，但要做出有滋有味、原汁原味的，并不简单。

煮饽饽的制作大致有两部分，即皮和馅。皮常用的原料是不同种类的白面，也有用其他种类面粉制皮的煮饽饽，如荞麦面、莜麦面、玉米面等，主要提供蛋白质、碳水化合物等能量。馅则多由菜、肉类组成，提供多种维生素、矿物质等营养成分。皮的制作要求是适口，既要柔韧、软和，又要筋道、有嚼头，糟了不但口感不好，也不能保持馅的完整和口味。

煮饽饽的风味取决于馅的风味，而馅的风味又由其主料的品类决定，主料与辅料、调料共同组成一种复合口味和口感，便是此类煮饽饽的特点。馅是煮饽饽最精彩的部分，在很大程度上决定着整体口感的优劣。人们常说“听戏听的腕儿，饺子吃的馅儿”，我在多年教学中，凡讲煮饽饽，主要是亲自拌馅给学生看，馅拌好了，饺子就成功了一半。其中可称为“秘籍”的东西，大概就是配料的比例和要点。

在京城，无论是在宫廷还是在王府、庄馆和家庭，猪肉馅煮饽饽大都是首选品类，但正是因为最常见，反而最容易被忽视。这种猪肉煮饽饽拌馅的要点很简单，就是不能放规定以外的调料和辅料，否则必失去其典型风味。师父给的口诀很简单，便是“一葱二酱三香油，只有三味能露头”。也就是说，拌猪肉馅煮饽饽，只能让葱、酱、香油露头，因为此三类可以为猪肉增香，且协调不争味。高档猪肉馅中可加冬菇、冬笋，均不露头。猪肉馅还可以改为海味馅，加入海参和海米，并要求海米出味；但不能放虾仁，因其不能提香，反而会提腥。这就与南味水饺的拌馅差距很大。此外，猪肉馅还可以根据节令采用鲜品调香，但可用的只有春韭或野鸡脖韭菜，用量要少，并且不能拌在一起，只能撒入其中，以保持鲜嫩出味。这里需要说明的是，猪肉馅煮饽饽可以放盐和酱油拌馅提味，最好不放味精和料酒，尤其不能放香料，如五香粉、十三香之类，否则会大失风味。

和猪肉馅相关的馅有肉菜混合馅，包括白菜、韭菜、芹菜、菠菜、扁豆、萝卜等，均可与猪肉混合制成菜肉馅煮饽饽。菜和肉在比例上一般由食者的需求而定，但在庄馆中还是有严格要求的。普通菜如白菜、菠菜，与肉的比例一般在2:1左右，还是以菜为主；俏菜是某个季节特别稀缺、紧俏的菜，时价贵，产量少，比例要看食客的要求。如隆冬季节，春韭、扁豆等“洞子菜”（北方冬季天气寒冷，极少有新鲜的青菜，有人以人工方法培植一些此时最稀缺的青菜，如在暖炕中种植春韭、扁豆等，专供豪门官宦、文人世家，也逐渐形成冬季特殊的时令菜）价格极贵，其与肉达到1:1的煮饽饽就是上品了。此类煮饽饽如果以菜为主调馅，就属于食客的特殊要求，其价格几乎相等于海味馅，一般人很难承受。精品菜和肉混合的煮饽饽一般不适用酿制酱油类（过去称为“化学酱油”），而使用黄酱或从黄酱中提炼的“真酱油”。这种酱油味鲜色浅，拌馅不黑、不苦、不出汤。如今几乎寻不见真酱油,可使用好黄酱滤汁代替。其余要点和肉馅相同，即不可加味精、五香料、鲍汁之类的增香剂，不然会使煮饽饽失去天然的清香。还有就是肉馅必须用水或清汤调制，用葱、姜、酱、香油喂好，不能抱团裹菜，要松散适口，所谓“一个肉丸”的饺子大多是贫苦人家一时解馋的做法，在大庄馆中是不可使用的。

单独使用菜馅，有两种情况，一种是普通人家简朴的做法，没有条件加肉，多采用当季盛产的大路菜，价格便宜，是闾巷家庭食品；另一种是反季节的“洞子菜”，那就是庄馆的上等食客需求的。时令菜是当季吃，洞子菜一般在冬季特别是春节前后吃，无论何种情况，素菜馅都要保持菜类的原汁原味，不要过多使用调料。洞子菜如果配上适当的海味、河鲜，又是另一番风光，如野鸡脖或青韭配青蛤就是庄馆菜中煮饽饽的上品。

有些曾经很有名气的煮饽饽如今已经难得一见了，如宫廷菜中有两种非常流行的煮饽饽，一种是野菜馅煮饽饽中的“长寿菜煮饽饽”，另一种是上供用的“素煮饽饽”。

长寿菜即马齿苋，又称“五行草”，因其叶青、梗赤、花黄、根白、子黑，故得名，也有称长命菜、马马菜的。清代宫廷的菜馅煮饽饽即使用此菜，将其先焯熟，晒干后泡发，洗净制馅，可荤可素。素者，配加冬菇、冬笋外，只放黄酱、香油和葱花，用盐调味；荤者，放猪肉、冬菇、冬笋、葱花、黄酱、香油和盐。长寿菜煮饽饽的馅软烂有黏性，有特殊的菜香，且具有一定的保健功效，是宫廷菜中的名品。

宫廷素煮饽饽不但供人吃，还要用于上供。其主要原料是白菜，辅料有豆腐类和排叉类两种。豆腐为主要辅料时，必须用锅煮的卤水豆腐，要求豆腐香味浓厚、嫩且韧，油炸后兑入馅中，还要加胡萝卜、香菜。不用豆腐则可用排叉，将炸好的排叉用擀面杖擀碎，也加胡萝卜和香菜。两种素馅都要加黄酱、香油、盐。

庄馆菜的煮饽饽馅早年不加味精，后来也开始加了，适当用胡椒粉提味。素饺子口感柔软、鲜香、不腻口，特别是过节期间，吃了肉多油大的年菜，素饺子显得特别香而雅，不少人常吃不厌。

煮饽饽中的野菜馅名品除长寿菜外，还有普通百姓常吃的车前草馅煮饽饽，其口感细腻。车前草又名车轮菜、五根草等，是北方特别是京城有名的野菜，除了拌食、炒食等，制馅是极美味的。将鲜嫩的车前草用沸水焯后挤去水分，加葱末、姜末、蒜泥、黄酱、香油和盐拌馅，也可适当加猪肉，但不能过多，包成饺子，是野菜煮饽饽中的上品。有《竹枝词》云："车前饺子贫家饭，清热明目来自然。谁知郊野真君子，何必分钱到药店。"如今，随着京城的开发建设，车前草早已踪迹难觅，目前又少人工种植，所以这类煮饽饽很难见于餐桌之上。虽然馋者可开车到百里以外的郊野去寻觅，但由于交通不便，往返费用繁多，一斤车前草的价格或许和一斤海参不相上下了。

在煮饽饽中，还有其他肉馅，如羊肉馅、牛肉馅、鸡肉馅、鱼肉馅等，各有风味。其中羊肉酸菜、牛肉萝卜是常见品种。由于清代提倡农耕，饮食中不提倡用牛肉，故牛肉馅饺子多在清真食品中流行。晚清特别是光绪前后，羊肉在宫廷中也少见，据说是因为慈禧属羊。其他类型肉馅如鸡、鱼、海鲜类，一般在大庄馆中有制售，平民百姓很少问津。

饭包菜与菜包饭

旧时京城人极爱节令食品，特别是宫里更注重随季节和节令变化吃时令食品。如正月初一食椒柏酒和水点心（煮饽饽），初七吃春饼、合菜，十五吃元宵，二月初二吃煎饼，五月初五吃粽子、长寿菜（马齿苋），六月初六吃过水面、银苗菜（豆芽菜）……入秋以后，八月十五食月饼及瓜果，八月二十六，御膳房专做“饭包”，宫廷上下各膳房也均效法制作，更扩及京城各阶层。满族是游牧民族，饭包作为一种简单的“快餐”，很适合携带食用。清朝统治者此后也一直不忘祖上留下来的生活习惯，将此吃法带进京城。至今，东北一些地区依旧可见食饭包的习惯。

百姓们所食的饭包很简易：蒸好二米饭（或大米饭），备好洗净的白菜叶；拌好蒜酱（或鸡子炸酱），略备葱、香菜、黄瓜丁、熟土豆丁等，搅拌成馅；用白菜叶包好饭菜，便可食用。御膳房的饭包则并非如此简单，王府的饭包也不是如此廉价；大庄馆不做饭包，但熟悉的顾客特别是满族上层人士要吃，也得特殊照顾，可是绝不单做菜，单做就越过了"行规"——老鲁菜行有严格规定，不跨行做菜，但又不能得罪主顾，于是就用本行原有的饭菜组合一下，就成为高档的饭包。饭包本是"下里巴人"，可到了宫廷和王府，就成为"阳春白雪"。

（插画 / 郑莉）

先说帝后们吃的饭包。宫廷内并不常吃，一是此食品构成简单，二是吃法原始，用手直接拿着吃，有失皇家的仪容，因此只在八月二十六这一天，以节令食品的方式象征性地回味祖宗的马上生活之艰辛，不必天天如此。宫廷所用的原料也尽量接近原味，但还必须考虑皇帝多年已改的口味。米饭有粳米饭、老米饭和二米饭（粳米中加入小米）；白菜就是御膳房制作火熏白菜的那类白菜，要求叶宽大，鲜嫩，口甜；酱是用当年黄豆酿制的黄酱，如果用生酱，要加蒜泥拌制，滴入香油；也可用肉丁炸酱，配料有鹿肉丁、鸡肉丁、虾肉丁、鱼肉丁、熏肉丁、清酱肉丁等，辅料有冬笋、冬菇、黄瓜、榛子、豌豆、葱花、香菜等。为何将肉切丁，而不切丝？是因为用丁拌饭，散落、匀实，口感好；切丝在饭里容易打团，口感不好。将以上物料按比例拌入饭中，白菜叶抹好黄酱，物料铺在菜叶上，卷成很规矩的“包”，放在门前碟中备吃，也显得雅致许多。

至于王府吃饭包，就不是只在节令，平时想吃就吃，好像成了家常便饭。因为王府所吃的膳食并没有定制，比皇帝更随意，包括各类小吃、烧饼、果子、熏鱼火烧、豆汁焦圈、盒子铺肉食、烧燎白煮、满洲饽饽等，吃饭包也是常有的事。王府的饭包，当然也是高档食品，鸡、鸭、鱼、虾、鹿、狍等都成了拌饭的主料，但是蒜酱却常不改容貌，很少有用小碗干炸拌饭的。

记得我小时候，家中常吃饭包，所用黄酱都是自家制作的新酱，也是必用蒜酱而不用炸酱。母亲说，旗人早年就用蒜酱，因炸酱有油腻子味。我还吃过外祖母所做的饭包。因为外祖父是清宫御膳房的厨师，所传外祖母的饭菜均是地道宫廷菜。当时家中困苦，不能加进野味鱼虾，但过年的时候却有猪肉，于是，里脊丁、熏口条丁便成为饭包的好辅料，加上细葱花、香菜末，做出来的饭包自然有宫廷饭包的滋味。后来，家境更困难了，饭包却成了我家度过困境的家常饭。那时，没有大米，无法做二米饭，用自家种的小米、白菜，自家的黄酱和大蒜，就可做出简单的饭包。无钱吃炒菜，但饭包却使我们依旧吃得可口。

在京城“八大堂”和“八大楼”的老食客中，满族所占不少，不少清廷的遗老遗少极爱在老庄馆中享受当年的口福，饭包就是其中一种“老吃”。那时庄馆的经营很有规矩，不会为这些老食客做饭包，但却能灵活经营，效仿宫廷菜的“攒盘”和“攒碗”法，用几样本行的名菜攒出优质饭包，既不坏规矩又满足了顾客要求。庄馆做米饭自不必说，粳米、老米、二米饭都是现成的；蒜酱、葱花、香菜本来就是鲁菜的跟碟；炒榛子酱、炒黄瓜酱、炒豌豆酱、炒胡萝卜酱这“四大酱”，原来就是从饭包发展而来的，用于拌饭自然是原汁原味；还有不少鲁菜和宫廷菜都是攒饭包的好料，如酱爆肉丁、辣子鸡丁、炒酱瓜丁、炒虾腰、炒虾仁等，都可以直接用于饭包；白菜更是现成的材料，洗净择好就可以上桌；再来一碗全丝酸辣汤，就可以美美地吃一次高级饭包。

如今，饭包在京城已难觅踪迹。但是回忆当年吃过的饭包，毕竟还是具有特殊的滋味。如果开一家饭包快餐店，列出十种、二十种饭包让顾客自选，随叫随上，随上随吃，不但老食客可以回味当年的旧情，年轻人也会逐渐喜爱。如果将饭包的佐料再加以改革，放进土豆丁、土豆泥、白芸豆、火腿丁、鸡肉丁、黄瓜丁、水芥丁、酱瓜丁等，再配备几种汤品，如酸辣汤、鸡蛋汤、西红柿汤、里脊片氽黄瓜、鱼仁汤等，此快餐必定在京城能立足和发展，也是为恢复消失的滋味做些奉献吧。

“素四供”和炸货屋子

旧历年临近，京城吃食便偏重于过年的年货。年货又分供品和年菜。供所指为供奉，供神、佛，供祖先，供圣贤，无论供之于谁，都是供“吃食”。供品一般是简单的素食，不会是大鱼大肉燕窝鱼翅之类。

在京城，所供之素食常为“素四供”。这与人吃饭菜宴席的规矩相似。以“四四”为制式，称“四到底”。那时“四”常寓意为“四平八稳、四季平安”，不像如今，总把“四”多与“死”联系在一起。其实这也是近些年从京外传来的，就我所知，从晚清到民国，勤行一直把宴席做成“四到底”，真没听说过这类牵强附会的能“死到底”。素四供一般装在供碗或供碟内摆放，供碗有高庄的和普通的，但多用粉彩或青花瓷，不用素瓷白碗，因为按早年习俗，白碗是给故人放祭品的。讲究的家庭自行到景德镇烧供碗，带有自家堂号。

所谓“四供”，一般是四种炸货：素丸子、素三角、饹馇盒、豆腐角。当年各家都会在年前准备好一个正月的用量。京城专门有炸货屋子制售，质量上乘，价钱也便宜。小康之家一般不会自己动手炸制，也是怕闹得大动锅灶油烟四起，但艰辛之家多是自己动手，家家会做。豆腐角必须是锅熬的卤水豆腐，散发着优雅的香味；素丸子是用绿豆面、香菜、胡萝卜炸成，外酥里嫩，清香爽口。这两种炸货原料和技术都不复杂。

还有饹馇盒和炸三角，这两种炸货技术更复杂。先说饹馇盒，必须使用那种有滋味的饹馇制作：用绿豆泡发好磨成浆，放进姜黄制作成饹馇浆，用柴锅摊成，筋道而微香。皮用薄饹馇，馅用厚饹馇，再加入香菜、胡萝卜、盐、酱油提色，香油提味，炸出来金黄色，外焦里嫩，吃起来满口香。在京城，饹馇盒就是这种食品，但在外地，如京东一带，把薄饹馇卷起来，切段油炸，也称饹馇盒。

再说炸三角。京城做炸货的有专门炸三角的“三角屋子”，每天炸好三角批发给商贩，商贩背着货满街喊“三角儿炸焦”。在酒菜全备的店铺中，只有“都一处”一家制售炸三角，且名噪京城。也有摊贩自己制作炸三角自己销售的,我只在钟鼓楼市场见过一家,如今也多年未见此家出摊再卖。一般普通商贩的炸货手艺，往往都不如炸货屋子精到，稍有不慎，便是一团糨糊。

京城人极爱吃炸三角，小孩子当零食解馋，老人当上好的酒菜，大姑娘小媳妇也爱吃，婆婆和妈不管。在酒铺里，一碟炸三角，老哥俩能喝半天。吃剩下的炸三角还可以剁馅包饺子，那滋味非常独特，讲究的食客能在馆子里要“三角馅饺子”吃。炸三角原料并不复杂，除了胡萝卜、香菜，还要用当年腌制的芥菜丝，再有就是炒焖子——需要好团粉和优质香辛料，这样炸出来的三角比肉香。人们越吃越爱吃，越吃越上瘾。因此有人说三角屋子炸的三角里头放了“药”，让人离不开，其实这是讹传，只是炸三角的原料加工和技术制作极其严格。仅就三角皮的制作而言，不必说面的质量和柔韧筋道，其厚度要求铺在报纸上能看清纸上最小号的字，才可以包馅成活。如今很少见到这样费工的三角，偶尔见到的也像“炸饺子”，或焖子如烂面，或皮如锅贴，或做成肉馅，失去了所有的清香和素雅。

当初，宫廷炸三角也有荤素之分，素三角基本和民间的相同；荤三角则是馅里放冬菇、冬笋，焖子里有肉和海参；但依然筋道清香，毫不油腻。而如今，原汁原味的炸三角，无论荤素，在百姓的年货中基本消失了。

在摊贩中出售的炸货，多为从炸货屋子批发而来。在关厢、近郊，还有更小的小铺、酒铺从炸货屋子趸货，零售给顾客。但是，炸货总是从炸货屋子向商贩或下层小铺批发，没有向庄馆“逆向”批发的，这主要涉及货源的档次不同。“八大楼”“八大堂”若从炸货屋子进炸货卖给食客，必然要毁了自己名声，但是比较起来，庄馆的炸货不见得会比炸货屋子的更好。这就是很少有食客在庄馆设宴零点炸货的缘故。

炸货屋子还有很多炸货零整出售，一般介于饭菜之间，既可做酒菜下酒，又可夹火烧当饭，还可以给孩子当零食吃，如炸排叉、炸麻花、炸薄脆、炸馓子等。

炸排叉本是一种极俗的吃食，却是炸货屋子批发中最多的炸货。之所以如此，一是其单件价格便宜，孩童都可用零钱买个大排叉吃；再者，食客广泛，从儿童、老人，到拉车的、唱戏的，几乎五行八作都有喜食排叉者。那时有的戏曲名家出国，都要带不少焦排叉，用于零吃和会友。

焦排叉讲究薄如纸、透如翼，入口即化，香脆宜人。

有的排叉可做到六层，不粘连，不硬不撅。制作时，必须将面擀薄到透光，但须使用硬面加油——硬面做薄不易粘连，加油则酥而不硬。最难的技术是开刀翻花，翻好花不能粘连，要层层透气。焦排叉除了上供、就酒、零吃，还可加入胡萝卜、香菜做素馅饺子。炸货屋子还有一种大排叉，装锦盒可以送礼。

炸货屋子的薄脆和焦圈，常批发给其他商贩，如卖火烧、烧饼、豆汁的，烧饼夹焦圈是当时很好吃的搭配。火烧和焦圈不是一个行当，本小利薄人手不多的商贩，不愿单开炸锅为火烧配炸货。

炸货一般都是又薄又脆，看来不适合包装和远途批发，但炸货屋子对于批发却有独到的办法。据行里讲，炸货体轻，加上纸盒包装总体重量仍轻，也不易摔碎，且适合手提、身背、骑车运送，损失很少。记得 20 世纪 50 年代初，我到厨师集聚的大望京看望外祖母的妹妹，我的姨姥姥，当时村中不少小铺、摊贩都要骑车进城趸货。一日清晨，一位老人进城趸货回家途中，不慎跌落桥下身亡，车上炸货中便有排叉，掉下深沟却没有任何破碎，这主要是与炸货体轻和包装得体有关。

厨人厨艺

外卖和包席

外卖和包席都是由庄馆为饭座在家中做饭。

外卖多是部分菜品或单件菜品，品种也是有限定的，一般成品菜可以送，如烤鸭、冷荤类、面点饽饽茶食类；可另行加热的扣碗菜类可以外卖。但爆炒类的火候菜不能外卖，因为路上容易放凉、疲软变性，送到就无法再吃了；汤菜也多不外卖。一般是较小的饭铺或二荤铺送外卖，“八大堂”基本不送外卖，“八大楼”也只对熟悉的饭座或名人、朋友送外卖。

包席也称外包，与外卖有很大区别。京城“八大堂”和“八大楼”是“席等人”，就是说酒楼的宴席是固定的、饭座是流动的，饭座需找“席座”，一般来说，庄馆不送整席到住户。因为宴席的菜品复杂，煎、炒、烹、炸又有时间限制，除了冷荤、冷碟，一般都无法送菜到家。但是，老北京大户人家或名人官宦置办普通宴席，有时也不愿举家到庄馆摆宴，因为这不但惊动家中老辈外出，也劳动朋友。因此，大户专门包席到家也是常有的事。

包席到家实际上就是在自己宅院内搭棚办事，多出现在中上等家庭。特别讲究的旧王孙老国戚和那些军界、商贾当然是到“八大堂”办事，或者借用京城大型宅院。“八大堂”的规模自不必说，是可以办到上百桌宴席的，档次也令人叫绝。借宅办事也有比“八大堂”还风光的，如京城那家的宅院，不但院落宽阔、殿宇轩昂，而且自带戏楼。清朝不少皇亲国戚都曾借用那家府第办事，其宅院之阔绰可想而知。

置办高档宴席到本主之家，需要庄馆有相当的实力，绝不是冷庄子或跑大棚的可以做到的。

“八大楼”和“八大堂”承办均有专门应酬包席的人员，即“承头人”。此种行当看起来容易，做起来复杂。承头人实际上就是宴席的总指挥和各方面的联络人，应承着各方人物，同时还要准备四季席面，刀勺、家具、餐具盆碗、锅屉炉灶等一切事项。据母亲和大哥说，我家二哥希华因为办事机灵，处世灵活，心快、嘴快、手快、眼快，对五行八作都很熟悉，所以学徒出师不久就成了此种应酬的能人。

二哥上学比大哥少，但是《三字经》《百家姓》《千字文》《六言杂字》等还是背得溜熟的。他常说：“厨房这点事，一部《六言杂字》就能学全。无非是‘茶房厨长来到，进门解带脱裳。围裙拦腰系紧，刷锅笼火扇烟。汤勺漏勺笼屉，切刀案刀锋霜。剥葱研椒择菜，鸡饼打酱清汤’。”二哥所说只是诙谐玩笑，从学徒到管外卖、包席，他是受了无数的苦。

二哥先是学徒打杂，三年零一节出师，父亲让他学了白案。白案实际上是父亲的长处。世人多认为白案手艺简单，无非是“包子、饺子、烙饼、抻面”，其实白案不比灶上手艺好学。我有个舅舅专门打烧饼，他说打烧饼就能学一辈子。二哥曾经听外祖父说，御膳房包饺子是双手擀皮，他想学却没见过，于是反复找人学习，每天苦练，终于学会了——双手各用一根擀面杖，各擀一个皮，旋转灵活，速度飞快，如同杂技表演。看起来这是个小手艺，但我至今没能学会。二哥头脑灵活，善于钻研。那时我家住京城郊区，没有电灯，夜晚全靠煤油灯照明，室内一片昏黄，母亲缝衣补裤，姐姐刺绣针线，无法看清。大哥和二哥从城里买来一种蓄电瓶，装在一个很精致的木匣内，一对可用月余。他们在家中室内钉线槽，拉电线，安装开关、电门，居然令这偏远的荒村室内全亮起了电灯，街坊四邻惊叹不已。家中没有收音机，二哥爬上高高的树梢，架起长长的天线，家中矿石机便日夜唱戏，也让街坊四邻开窍。

二哥是能人，所以才让他主管外卖和包席。包席实在费心，因为要全听本家的，老亲戚若多，还有成心挑眼的。好在二哥常和小舅搭帮，许多麻烦事小舅就给处理好了。后来小舅入伍打仗，包席就由二哥独挑了。

包席之复杂，首先是要搭炉灶，人员未到，炉灶先行。有的庄馆与专业炉灶户搭档，自然不必自己盘灶，但也必须让炉灶使起来得心应手，尤其是要根据使用情况确定火苗高低，或要一尺火，或要一尺半，准确出火，才能满足厨师的火候要求，不然到时候炉灶“调腰子”，掌勺的就擎着着急吧。所以盘灶时二哥经常在现场搭手，一面为朋友帮忙，一面也可以找到炉灶构造的不少诀窍。后来，有的庄馆炉灶不好使，二哥去也能手到病除，以至于家里和街坊搪炉子都找他帮忙。

另一麻烦是租“家伙座”。家伙座包括餐具和家具。说起家伙座既有茶房用的茶壶、茶碗、茶盘子，也有陈设用的香炉、蜡千、花筒、花觚，送灯花用的灯盘，还有餐具家伙。家伙的品类要看本家的要求和办事的性质，二哥对此一清二楚。他说，勤行有句俗话叫“吃家伙”，如今说“美食美器”，就是餐具要和菜品相配合。如果办白事，一般用青花瓷家伙；办寿宴多用“万寿无疆”的粉彩家伙；办婚宴多用大雅斋的粉彩和“天地一家春”的瓷器，这类瓷器雅致、喜兴，是晚清时慈禧惯用的。如今不少大酒家追求西派，一律白瓷，似乎很时尚，其实使用“满白”也有不少规矩。晚清民国时期，庄馆是不敢用满白家伙为客户办事的，就是白事也不用白瓷，因为那时白瓷多用作随葬。

家伙还有特殊形状和大小之分，遇到市面上没有的，要请瓷器店单烧。一次，一位老饭座要请客吃鱼翅，除了八个围碟压桌，大菜就是一道“通天鱼翅”。饭座本来就是鱼翅商，鱼翅是由其自购的“吕宋黄”。此翅长过三尺，本家要求按南菜做法，做排翅，故不能拆翅针。如此大翅翅板厚大，翅皮苍老，沙砾又多，发制已经很复杂，而盛装鱼翅的盘子又需要专门定做。二哥找父亲的朋友反复研究，托人弄钱到景德镇烧制翅盘。窑上说尺头太大，拉坯本就困难，入窑必定要坏八成，烧五件能成一件就算好活，所有残破损坏一律归本主出钱。历经不少波折，总算烧成了两件大盘，里外都是二哥忙活。后来他和我提起此事，依然感叹道：“想不到我们会为家伙这样为难。”

家具则主要是餐桌和餐椅。那时餐桌是方桌，即八

（插画 / 郑莉）

仙桌，有“大八仙”和“小八仙”之分；再配椅子或机凳，主桌还有配太师椅或扶手椅的。一般由家具铺承办，也可由庄馆代办，种类和档次由本家选定。后来出现了圆桌，其所配套的餐椅也就有了时尚的变化。棚彩搭完就要进家具，这时还必须知道所来人数、续座要求、男宾女宾人数。如有清真，要加教席；有僧尼，加素席；有外宾，加番菜席；等等。这些都需要二哥单用账本事先写清，开席后要做到井然有序。

承办包席，承头人实际上就是了事掌柜的角色，既要懂得堂柜灶案的关系，要和棚彩、寺院僧尼、家伙座儿、堂会戏班、喜轿杠房等多方面打交道，还要和跑堂的紧密配合，实在比站在灶前炒菜复杂得多。

庄馆包席经常和冷庄子买卖交叉，不少饭座或老亲很容易把包席厨师当成跑大棚的，把庄馆当成冷庄子，以为人员是从口子攒找来的，所以会在交流中来几句行话，如果你听不懂，便说是外行。行话似“黑话”，主要是厨内交流不让饭座听懂，以免产生误会。如酱油称“沫字”，鱼称“混水字”，盐称“海潮字儿”；多放油称“漫大联儿浪荡着点”，油少搁称“漫大联儿沐着点”。懂这些跑大棚的行话，才能六场通透，独当一面。庄馆培养这样的人才很不易，虽然不如堂口名气大，可能做包席的人京城并不多见。有的包席应承人后来都能成掌柜，和东家合股经营买卖。

包席大部分是上等宴席，如燕翅席、参翅席之类。北京人不大认鲍鱼，个别南客叫鲍翅席。除满汉全席外，一般席面是“四到底”的为多，包括果席的“四干果”“四鲜果”“四京果”“四蜜果”；讲究的本家还要四看果，此类果品京城并不好买，如佛手、乳茄、香橼等，承头人必须早做准备，做到一盘不缺。“四大件”多是山珍海错，“四行件”也必须是大菜，不能用“八大碗”代替。宴席规格低的，本家自然有话。庄馆办席当然不能使“猪八件”，至少也要有鸡鸭鱼肉、干鲜海味，做到全须全尾，大方得吃，美观硬整，加上几十桌的流水包桌，客人不断来去，这种尺寸的掌握多在承头人的本事。

二哥那时所承办的宴席多是本家满意、来客满意，最后结账还要略有盈余。本家再给二哥辛苦钱，二哥一律交到柜上。无论包桌多少天，二哥每天都是早起晚归，停辛伫苦，累得形容消瘦，可精神从来饱满。在“八大楼”中，他也是当行出色的一个名角。

炸鹿尾儿和灌肠的变迁

老满菜中以鹿为原料的菜品不少，几乎把鹿身上的有用之处全入了肴馔，如烤全鹿、烧鹿筋、烩鹿脑、一品鹿鞭、清汤鹿尾、八珍鹿胎、鹿血羹、一品鹿唇、鹿腰花等。“烩全鹿”包含了鹿身上几乎所有的内脏，很像鲁菜的“炖吊子”。

以鹿尾做的菜更是经常出现在御膳中，如蒸鹿尾、炸鹿尾、清汤鹿尾、冰糖鹿尾等。乾隆三十年（1765年）正月十六日未正宴中便有“蒸肥鸡烧狍肉鹿尾攒盘一品”，后有“家鸡卷鹿尾奶酥油渣羊羔攒盘一品”“鹿尾羊乌叉烧狍肉攒盘一品”等。但是，一鹿只有一尾，吃一鹿尾便需杀一只鹿，如此供应必不长久。后来除了皇帝、太后的御膳以外，鹿尾便逐渐减少，特别是宫外的买卖家已觉鹿尾奇缺。但知名饭庄还要撑门面上御膳，便有了“赛鹿尾”。

赛鹿尾最早出现在较大的饭庄中。据父亲及师伯辈所说，当时并不是完全没有鹿尾可用，且“赛鹿尾”也是一种极高的“巧做”手艺，如同早年就有的“赛猩唇”“赛江珧”，展示了厨师极高的仿作能力，如同仿荤的素菜“香酥鸭”“九转大肠”，做得色香味形如真似幻，吃的就是手艺，当然口味也要极好，但不能和原件一味，另有高明之处。这样，蒸鹿尾、炸鹿尾便出现了仿制菜式。

炸鹿尾主要出现在庄馆菜的宴席上，平时的饭座很少点这道菜。那时讲排场，摆所谓的满汉全席，其中满菜自不能少，即使应景也要有。但不少老满菜已经无人会做，如大炒肉炖海参、鹿筋炮肉、攒丝锅烧鸡、肥鸡蝴蝶肠烩攒肝等，除了我的几位老舅舅还能掌勺制作，或传教给后人，庄馆里也没有几位熟悉这些的了。而炸鹿尾作为满味十足的菜，成了满汉全席中不可或缺的一道菜。朱绍文的相声所说的“菜单子”大贯口，一开始就是“蒸羊羔、蒸鹿尾儿”。但既是老满菜又是御膳菜品的炸鹿尾，为什么后来进入烧碟宴席了呢？我问过九舅。九舅说，就是因为鹿尾已经被“赛鹿尾”所代替。而赛鹿尾的主要材料是猪里脊和猪肝，这正是烧碟菜的特征。

祖母娘家的一位老哥哥，我称舅爷的，手艺了得，曾在“堂”字号做过这类“鹿尾”。后来，他在地安门的一家饭铺合义斋掌灶。饭铺位于地安门外火神庙南界边，买卖不大，卖炸鹿尾儿根本没人相信，赛鹿尾又显得假，便称其为“大灌肠”。其实后来仿制的鹿尾，虽然也在不少号称宫廷御膳的买卖家出售，但是连吃的带做的都知道，这只是一种大灌肠。舅爷也痛快，干脆就把这道菜改叫这个名了。

大灌肠在作为仿鹿尾阶段，总是若明若暗、羞羞答答，名声并不硬气；吃起来又有点仿出来的土腥味，以为更像鹿尾，食客却不喜欢。舅爷后来索性改了用料，去掉土腥味，增加了焦香味，口感变得香脆鲜嫩。大灌肠的推出令此饭铺声名鹊起，至今京城老人对此熟知不忘。后来，舅爷让大哥希荣去帮忙。据大哥所讲，那时舅爷已是掌柜，大哥便成了头灶，他做的大灌肠也是一绝。灌肠铺在京城盛极一时，是普通市民和食客都很钟爱的小吃店铺。

大哥曾教过我大灌肠的做法：将猪肠用盐、碱、醋清洗干净，灌入猪肉、面粉、水淀粉、葱姜水、几种香辛料和红曲米增色煮制而成坯子；将坯子切片，用大油炸至外焦里嫩，装盘，撒蒜泥汁即成。其技术难点是：内要酥嫩，外要焦香；所用香辛料必须诸香不露头；对淀粉和面粉的比例、品种都有严格规定，不然，就会炸成一条面疙瘩。大哥在世时给我们做过，确实与炸鹿尾的口味不同。早年的灌肠铺确也有大灌肠出售过，但是因成本高、技术复杂，被逐渐简化成了普通灌肠——先是将大灌肠去掉肠衣，肉面混搭制成坯子，再切片入铁铛煎制，然后装盘，浇蒜汁上桌。

灌肠成为市井小吃，必然不断降低成本，所灌之物便没有猪肉，成了淀粉和调料，制成后很像粉肠。这时，大约已经到了民国时期，大灌肠几乎没了踪迹，但即便是普通灌肠也有肠衣。后来，舅爷老得走不动路，大哥回到润明楼，都相继离开了原来的铺子。大

（插画／郑莉）

哥在润明楼还做过大灌肠，那时是给满汉宴席中增加一些满菜风味，与我在当今和徒弟们推出的满汉宴席中依然有炸鹿尾儿一样，为的是继承传统餐饮的烹饪技术和文化。但其实，在市井饮食的发展中，连大灌肠都没有完整地保留下来。

新中国成立以后，炸灌肠这一风味小吃虽有继承，但却逐渐变了味道。先是取消了肠衣，据说肠衣是工业原料，不能都当小吃解馋用，灌肠成了一条没皮的“红薯”，一根粉肠子；后来，取消了红曲色，变成了灰不溜秋的灰肠子；再后来，连形状也变了，变成一大块粉坨子，削片油煎；最后，连油煎也省了，机器切片，成盆地倒油锅里炸。原来的外焦里嫩，没了，变成了油炸“龙虾片”，又硬又撅，失去了滋味。

大哥说炸灌肠必须使用“五香油”，这种油是用大油加工而成的。不少摊贩为降低成本，使用炸过肉类食品的油，如炸丸子、炸佛手、炸肘子之类的油，也还算可以；再后来经过简化，包括当今不少店家，使用花生油、棕榈油，令灌肠大失风味。

我曾和大哥探讨这些烹饪做法的简化和退化。大哥说，在他学徒时，如果谁能提出这类“高招”，这人就永远别想在行里混了。有一次，一个学徒削灌肠，本应削成斜抹刀片——中间厚、四周薄，炸后才外焦里嫩、滋味深厚，为求速度，他如切萝卜一样切得薄厚均匀。老舅爷瞧见，问谁教的这样手艺。学徒以为要夸奖他，便说是自己琢磨着改良的。舅爷说：“你行，这一笸箩灌肠全是你的，上下顿吃，让你吃出味来，吃多少盘，交多少钱，月底扣清。”学徒没吃两天就腻味了，跟舅爷说吃不下去，老想吐。舅爷说：“灌肠吃个外焦里嫩，薄厚必须打成‘蛤蜊片’。整个儿一般厚，就是团粉饼子，那还不腻人？学徒‘三年零一节’，你以为你比谁都机灵。”这孩子自打挨过这次说，手艺不断精进，也成了灌肠铺的能手。但是，想不到过了几十年，“聪明人”更“聪明”，连煎炸都省了，改成“大锅炸”了。至于什么是五香油，就更不懂了。花生油炸团粉，能好吃？舅爷是早就驾鹤归西了，他要是知道灌肠会有今天的演变，他就多余申斥那位学徒的孩子了。

还有一种“灌肠儿”需要提及，那便是冷荤菜品或小吃中的灌肠儿。灌肠儿不但带儿化音，且读音重音在“肠”字上，而前述的“灌肠”重音在“灌”字上，两者便不是一种菜品。灌肠儿是将肥瘦肉搭配适当，加葱、淀粉、辛香料、香油等拌成馅料，灌在肠衣内，然后煮熟；熟后如若再用柏木锯末熏制，便是熏肠；馅料用里脊肉拌制，就是熏里脊肠。熏肠在熏完后，还要在表面刷香油，防止干裂，保持柔软光洁。有的摊贩将此类灌肠儿再下油锅炸制，便是炸肠。炸肠一般在摊贩中出售，炸后切段装盘，还可撒点烂蒜或蒜汁，吃起来很有滋味。这类灌肠儿在冷荤菜品中还有保留，但炸肠已经不多见了。

炸鹿尾这类老满菜，曾经是宫廷菜中的保留节目。随着时代的变迁，不少老满菜退出了历史舞台，或逐渐演变成另类菜品。赛鹿尾就是将真鹿尾演化成仿鹿尾的过渡，后又演化成大灌肠，再后来继续演化成全是团粉的灌肠。如果头尾衔接，跨过几个时代变迁，将一块团粉坨子叫鹿尾，谁也说不清楚其中的根由。从我外祖父到舅爷、九舅和大哥，他们耍手艺的过程，勤行跨过了百年沧桑，也正好经历了从鹿尾、大灌肠到灌肠和灌肠儿、炸肠的演变。历史的大潮搅动着烹饪界的动荡和变革，不是一夫可以固守旧地的时代，即使改得五花八门乱了章法，再想寻根求源，也必是一傅众咻。但是，发展应当是攀升，而不应该是颓败，手艺和技术也是如此，从炸鹿尾到团粉一坨，无论如何不能说是发展和进步。

酱起锅和“四大酱”旧事

京城勤行早年很注重“起锅”，考核初入行的厨师技术基础时，常选择不同的起锅方法，观察厨师对物料处理的基本操作和基本知识。这对于传承传统烹饪技术和保持菜系的本色尤其重要。

不同菜品，起锅物料也有不同选择，除葱、姜、蒜外，还有使用香辛料如大料、花椒等起锅的，炒肝就是用大料和蒜末起锅。酱起锅是将起锅物料炸出香气之后再下酱，所用之酱须事先用水澥至稀稠适度，使酱再与炸过的物料、底油一起混炸，达到一定温度后，滋水，以便将水油混合，并在高温时乳化均匀，去恶味留香气，为整个菜品奠定基础味。

起锅的酱必须是用老办法制作的黄酱，以优质东北大豆为原料，煮熟后做成酱团，放在热炕上发酵，直至发出酱毛，便可以破碎入缸，继续在缸内发酵。这种手工发酵的黄酱，除了盐和水之外，不放任何其他物料，制成后滋味浓厚、酱香扑鼻。

早年，能准确掌握酱起锅的多是做过老满菜的厨师。我家自外祖父、父亲、哥哥，甚至母亲和外祖母，都很善于使用酱起锅做菜。那些酱香浓郁的菜品保留着老满菜的独特风味。

· 酱起锅的类型

按使酱多少和菜品要求的酱气浓郁程度，酱起锅大致有三种做法，即点酱、使酱和泼酱，分别用于不同菜品的制作。

最普通的酱起锅，就是点酱起锅，也是其中用酱最少的。方法是先放起锅油，油热后放起锅料，炸出香味后即可下酱，待酱在油中炸开，立刻滋水化开，使油和水在锅中乳化，起锅就算完毕。点酱起锅所用的油和酱都是普通量，油量以菜量为依据，而一例菜的起锅酱大致为一酒盅。

点酱起锅，乳化的酱可以迅速融入汤和菜中，产生柔和的酱香，常用于制作素菜。如素炒白菜，是很难炒香的菜品，使用点酱起锅，将白菜竖刀切细丝，火候做到烂而有型，汤汁做到浸润而不出汤，整道菜口感柔和、咸淡合适，就米饭、卷饼、下酒，不让肉菜，是手艺精良的厨师愿意显一手的俗菜。适合点酱起锅的菜品，一般以自身无浓烈味道者为好，如炒豆腐、炒笋丝等。

若要使菜品的主要口味更浓烈，可用使酱起锅。使酱起锅所用的底油要多，用葱量也大，黄酱多者可加一酒杯，使酱在油中炸透，极似炸酱，然后滋水、乳化，使油气和酱液飞腾，直到没有“生酱气”，便可投入物料翻炒。这类用酱多是酱爆菜类，如酱爆肉丁、酱爆鸡丁、满式回锅肉等。此类菜的肉料一般较厚或较大，着酱丰满，吃起来酱味浓厚，可与料酒同用，以增加与酱类协调的发酵香气。有一种叫酱肉丝的菜，原是满菜和京菜，烹饪方法与酱爆类似，只是用葱量大，为的是产生浓厚的葱油味道，以使酱香柔和浓厚。

说到使酱起锅，这是老满菜烹饪起锅常用的方法，在不少人看来似乎还很神秘。特别是一说起宫廷菜的“四大酱”，就觉得复杂而神秘。其实“四大酱”并不是宫廷菜中的大菜，而是在宴席中用于下饭的“香食”小菜。“香食”的意思就是使饭吃得香。“四大酱”都是使酱起锅，肉料都是猪里脊肉丁或猪瘦肉，

（插画 / 郑莉）

主料分别是黄瓜、榛子、胡萝卜、豌豆四种，故分别称炒黄瓜酱、炒榛子酱、炒胡萝卜酱和炒豌豆酱。

“四大酱”做法均是将猪瘦肉或猪里脊肉切丁，先下锅，用底油煸炒至煸透，放葱、姜、黄酱起锅，再放辅料煸炒。此类菜起锅时滋水不能太多，否则肉丁会变软无味；如不滋水，则香气不足，质量不佳，滋水之多少需要熟练掌握。

另有一种“大酱起锅”，也称“泼酱起锅”，所用底油和黄酱更多，每次可炸出半小碗酱来。滋水时，水乳飞腾，酱汁翻滚，很是激烈。待大酱已熟，澥开如汁，便可加物料翻炒。这类使酱如今已经少见了。

老满菜中的大炒肉便是典型的泼酱做法。大炒肉选用新鲜猪五花肉，切千连福块，上深下浅；锅下底油，炸葱段，后下黄酱煸炒至无生酱气味，滋水，乳化黄酱；放入肉块，在油、水和酱中细焖，定时翻身浇上酱汁，断生后改小火焖烧至肉熟出锅；将酱汁过滤，收汁，浇在肉上。很有名的大炒肉炖海参，便是在此基础上再加用酱汤炖熟的海参。大酱起锅还可以做酱爆门茄、大酱中段等名菜。

·酱起锅的逸事

早年父亲在致美楼时曾经收过一个徒弟，似叫“小六子”。这孩子很小的时候便和他奶奶学厨艺。奶奶是家庭妇女，爷爷是汉人，但是因为做厨师，入为“汉八旗”，爷爷善做鲁菜和老满菜，奶奶也善做老满菜。可惜爷爷早逝，小六子便跟着奶奶过，12 岁就开始夹着刀具给村里人家做红白喜事的宴席，15 岁到了我父亲身边学艺，因为是行里出身，所以没有例行打杂、学徒的过程，便开始了青、帮案。这曾经引起几位师傅的不满，怕坏了规矩，以后不好管徒弟，所以这孩子虽然干着了青的活，却一直拿的是打杂的钱。小六子还经常给众人做伙友饭，大家吃得很香，从来没人挑过眼，掌柜的乐得如此，省了不少工钱。但是同行依然有一些闲言碎语，父亲知道，只是因为掌柜的乐意，也就这样维持下来。

有一次，来了一位非常阔绰的饭座，还有几个似为军界的人，七八个人，吃的是燕翅席，来头不小，座底菜却要吃大米饭、肉片烧茄子。酒过三巡、菜过五味，跑堂的端上来大米饭、肉片烧茄子，客人还没动筷子，就差点掀了桌子，说米饭不散落、烧茄子不对味。了高儿的说了半天还是不行。父亲一听，说这几位怕是要吃老满菜的大炒肉烧茄子，于是赶紧上了二楼，笑着对饭座说："各位是不是要吃大炒肉烧茄子呀？"饭座说："说大炒肉怕你们不懂。"原来，这几位都是东北军出身，吃过老满菜。

老满菜的大炒肉进入鲁菜就成为炒肉片了，只是起锅方法为酱起锅。当时致美楼是鲁菜，不卖老满菜，父亲想起了小六子，对掌柜的说："这个菜叫小六子炒应该可以对付得了。"掌柜的说："殿臣，你可要想好喽，不然就是娄子。"父亲说："我们吃伙友饭，小六子做大炒肉烧茄子很是利落。"

于是，小六子头一次上灶给宴席做菜。这个菜本来很费手，因为大炒肉的肉必须是大酱起锅，在油和酱汁里翻炒许久才能熟烂入味。这次父亲叫他使用已经煮好的白肉，用大酱起锅、葱油焖炒，把过油后的大片茄子打花刀垫底，浇汁，收汁，然后大翻勺装盘，撒青蒜末，成活儿。米饭用捞饭打散后串蒸，在炒勺里翻炒，装碗，上桌。这些老满菜的做法，鲁菜师傅大都没见过。端上去饭座一吃，满堂好。众人喝酒，掌柜的又叫小六子炒了一个四大酱攒盘，送给饭座，一是为适应饭座的口味，二也是要显示一下买卖的水平。众人齐说："致美楼真有人才。"小六子从此开始上灶炒菜。

又一次，楼上客满，其中一间雅间所来饭座多是东北口音，所点菜品也是偏于满菜。跑堂的便问其中一位"仙乡何处"，得知确是辽东一带。吃到后来还没确定最后的汤品，跑堂的依据惯例说是上"清汤片儿"。所谓"清汤片儿"，实际上是一种"片儿汤"，亦汤亦面，便省去了最后的一道汤，价钱也便宜不少。不少内行的老饭座常喊"清汤片儿"作为宴席的结束。

清汤片儿的做法非常简单：锅里下清鸡汤，用盐调好口味，白案用面团擀成大片儿；伙计用一把勺子托着面片送到灶上，掌灶的把面片放进清汤里，用手勺切成不规则的面片（不能用刀切），煮熟；碗里下青蒜段、香油，倒进面片，即可上桌。这种做法对于常吃大菜的饭座显得很清口，但是，常吃满菜的饭座肯定不知其为何物。于是，小六子和掌灶商量，对清汤片儿用酱做一次"倒起锅"，必然使汤内生出酱香。于是在清汤片儿入碗之前，在碗里放了青蒜和熟酱，鸡汤冲进去，便成了倒起锅的酱汤片儿。端上桌，饭座不知其中放了何种鲜物，称赞不已。以后跑堂的又多了一道喊堂的菜品："酱汤清汤片儿倒起锅，多放青蒜吧，您哪！"

“冻子活儿”和“焖子活儿”

我家从老一辈就是勤行，平日居家三句话不离本行。家里但凡有聚会，除了做饭做菜，就是议论勤行的手艺能耐。

大哥读过《三字经》《百家姓》《千字文》《大学》《论语》，算是家中的秀才和教头；二哥读书少，但是生性聪明，头脑灵活。这二人一文一武，常有辩论东西南北之事。我们几个小的算是学子，边听边学，便也得了不少知识。

二哥爱“抬杠”，问大哥：“有没有能人头灶用豆腐、面筋做出与真肉一样的酱肘子来？”大哥毫不犹豫：

“别说酱肘子，连鱼翅、海参、熊掌、猴头都可以做出来。”于是二哥拿来一块豆腐，用缸盆一扣，“大哥，你变吧，变出来咱们就不在致美楼耍手艺了，咱们哥俩开个海丰楼。”大哥一笑说：“希华，你说的是戏法，要么是《济公传》，济公拿手一指，‘变’，豆腐变成了酱肘子。我说的‘变’是使用调料、辅料、火候、刀勺手法，把豆腐变成‘酱肘子’。你是不知道，咱姥爷在御膳房、素局的时候，用豆腐、面筋做的酱肘子上过御膳宴席呀。其中有两种最主要的物料和手艺绝不可少，那就是焖子和冻子。”后来，大哥果然用豆腐、面筋和焖子做出一盘“酱肘子”，色香味形难辨真假。

·冻子与焖子的异同

早年在勤行，常将以传统冻子或焖子为主料制作的吃食称为“冻子活儿”或“焖子活儿”。冻子和焖子是两种极为相似的食物，冻子是荤料荤菜，焖子是素料素菜，但口感相似，皆有弹性、柔软、筋道、爽滑的特点，且很易吸收辅料或调料的滋味，在烹饪中几乎并驾齐驱、不分畛域。

有说焖子是为仿制冻子而得，史料所见并不尽然。但焖子与冻子相比，确实有时令人真假难分，这也是素食烹饪中尽人皆知的诀窍。

·冻子和冻子菜

先说冻子。这是一种高蛋白液体汤汁冷凝后的固态物，含有高蛋白和水分，加入调味品后产生不同的风味和口感，如肉皮冻、鸡冻、鱼冻、虾冻等，如今在冷荤菜品中依然多见。

京城常见的冻子菜是肉皮冻和豆儿酱。早年在庄馆菜中，肉皮冻是不登大雅之堂的，因是肉皮熬制，在高档宴席中颇有粗俗之感，多见于在小酒铺、大酒缸佐酒的小菜。豆儿酱是京城闾巷之菜，家庭饭食或接待几乎必备，在庄馆菜中依然极少出现。

豆儿酱看起来简单，但其制作比肉皮冻复杂。一是肉皮所熬的汤汁必须“清汤”后使用，不能一锅熬，否则汤体混浊、口感不佳；二是加入的黄豆必须煮到熟而不面；三是必须使用当年的新腌芥菜切丁，才具有芥菜香气，使用隔年的“老疙瘩”便只有一股咸不见其香；四是胡萝卜切丁，不可煮烂，要熟而不烂、丁块挺拔、色泽红润；五是香辛料不可过多，否则会压住豆儿酱的鲜活味道。制好的豆儿酱切块上桌，用筷子一拌就开，色香味形俱佳，但是要入口即化，诸香不露头又香气雅致。由于一些酒店对此菜不甚了解，做法不正规，乱加辅料，且凡见此菜，依然是硬的毛病，比肉皮冻还硬，用筷子拌不开。

有些简单的冻子菜或食品保留、发展至今，如冷荤中的水晶肘、水晶虾。宫廷菜的老满菜中有一品冻鸭蛋咸肉熏肘子炉肉晾坯子，是一个较大而复杂的冷盘菜，常在御膳中出现，后来有人将其列入冷荤大菜，用于宴席的头菜，与饽饽桌子、主题立摆菜、平摆花拼菜共列为四四制开头的“四头菜”，很是悦目显眼。其主体材料是不同做法的肉类和肉冻的结合，按照“四四制”的攒盘，这是四种原料的攒合：冻鸭蛋是做成冻状的鸭蛋，即松花制法的鸭蛋，内有溏心、外有蛋冻；咸肉是腌制好的肉，煮熟切块，加肉汤成冻；熏肉与咸肉的制法相似，只是所用成冻的汤汁是熏肉的汤汁；炉肉是一种炉烤的猪肉，用其汤汁成冻。将

（插画／郑莉）

这些肉冻切成不同的块，攒盘组合，造型如花盘，如用瓜果花枝美化成型，可作为宴席中的大菜。在小型宴席或酌饮中，其中的四种肉冻也可单独盛盘上桌。

旧时有专门做冷荤的盒子铺，所制的肉冻极为适口。如排骨冻，必是使用猪的小排骨制作，用料厚重，口味极佳，吃肉带冻，有滋有味，适合下酒；如鱼冻，便是河鲜之冻，必须剔掉鱼刺，加鱼汤结冻；如鸡冻、虾冻，皆是盒子铺的拿手好菜。

我家外祖母极擅老满菜的制作，春节时候来家，各类冻子菜随手拈来，包括那种宴席大攒盘的肉冻菜，口味极佳。那时，大哥、二哥都能上手制作此类冻子菜。直到20世纪50年代，我去大望京拜年，那里的不少至亲都是汉八旗厨子，过年之际，家家有好饭菜招待亲朋，也几乎家家都有肉冻子菜。

如今肉冻子菜难得一见了。有人说，现在肉都吃不香了，谁还吃肉冻子？这可能也是人们没吃过制作得精致的肉冻子菜，那滋味不是大鱼大肉能比得了的。

·焖子与素菜

再说焖子。焖子是素料，常用于制作素菜。由于素菜的口味不同，焖子的主要原料淀粉也各有区别，使用不对路数，出不来该有的滋味。肉冻子使用好汤煨肉、结冻，肉和汤均有滋味；焖子用于不同菜品或吃食，也要加入相应的香辛料和调料，这是其制作成功与否的关键。

焖子大致分为两种。一种是做成白焖子，吃的时候改刀，加调料入味。众人皆知的凉粉其实就是一种焖子，所用的淀粉是绿豆淀粉，打浆蒸熟后变成粉坨子，改刀切块，装碗，加入蒜泥、芝麻酱、韭菜花、辣椒油等，拌和即可食用。由于粉坨没有再经过热加工，所以就不叫"焖子"，人们习惯叫"凉粉"。另一种是煎焖子，需将焖子油煎后食用。北方有些地区的做法和京城相似，将绿豆粉用水打成粥状，倒入开水中熬至黏稠如粥，倒入盆内，凉透即成"焖子"，切块后下油锅煎至两面微焦，浇酱油、醋、芝麻酱、蒜泥食用。

有人说京城有名的小吃炸灌肠不像灌肠，倒是很像焖子。其实，类似大灌肠的吃食在明朝就有，但是买卖并不兴旺。到了清代，宫廷菜品炸鹿尾儿一路从"肠皮灌肉加猪肝"，到逐渐去掉了猪肝、猪肉、肠衣、红曲，最后只剩下团粉，成为"炸灌肠"，吃起来确实很像炸焖子。

焖子有不少吃法，如可以配冬菇、冬笋做馅，用来蒸素包子，口感柔韧滑爽，在寺庙的宴席中独树一帜。最出名的焖子馅炸货是京城有名的“炸三角”。炸三角多出自炸货屋子。炸货屋子很专业，炸三角的馅活用料外人不得详知。馅的主料是焖子，用好团粉，加香辛料、酱油、素高汤；配料是胡萝卜、香菜和芥菜丝，不能刀切，必须用礤床儿擦碎，用香油调制。面皮和面要硬，擀薄，似东昌纸一般，铺开可清晰看到垫在面皮下面的报纸小字；打皮，四周刷水，包馅，捏成三角，入油锅慢炸通透，便成炸三角。观看皮层，不见白色面层，外焦里嫩，入口即化，酥脆香鲜。

还有将焖子与油皮叠合成厚层，加香菜、胡萝卜、香菇、木耳等配料，油炸或焖烧，制成素的鸡鸭鱼肉，造型逼真，口感鲜香，是宫廷、大庙素席大菜的翘楚。早年内务府素局专制各类素菜，焖子是有人专职细作，只是做法极为费工费料，民间无法效法，后来传到勤行，不少素菜便将焖子改为山药、土豆泥、团粉，也就大失风味了。

在宏大的烹饪界，这些冻子、焖子看似为无关轻重的雕虫小技，但若不追忆古老优秀的技艺，我们也难为新时代铸就大匠奇才。

王希富先生的弟子个个都是精英。如大徒弟——中国烹饪大师甄建军多年来精研鲁菜，凭借炉火纯青的烹饪技艺在业内享有盛誉。二徒弟翁坚志是国家高级评茶师，致力于御膳茶房的传承与发展。三徒弟赵光有曾供职于多个知名餐饮品牌，近年转型为创业者，创办了京城知名点心品牌富华斋饽饽铺，恢复了很多消失的宫廷点心。传承与创新，就这样在一代又一代烹饪人之间流转。

为继承父亲的遗志，二十多年前，王希富先生与大哥王希荣、二哥王希华共同创办了“荣华富贵”厨师培训班，培养了一批专业烹饪技术人才。多年来，拜在王希富先生门下的徒弟，以及徒弟的徒弟逐渐增多。他们不仅是各自厨房的骨干，还是当下京城餐饮界的新生力量代表。

王希富先生在事业上的成功，离不开家人的支持，尤其是夫人的悉心照顾与默默付出。

后记

他用味道让我们记住了一座城

2023年10月23日上午，突然接到王希富先生儿子的电话。“我父亲已于22日离世”，简短的一句话，周边的空气瞬间被凝住，让人难以喘上气。就在两小时前，我还安排同事尽快把王老著的《勤行旧事——御厨世家传人拾零》一书制作出样书，想请他再审阅一下。怎么就发生这样的事情？！

上一次与王老见面是两个多月前。因书稿事宜，我们来到王老家。老人家早早地就在家门口等着，进门后还不忘招呼我们坐下来喝饮料凉快凉快。他说话时底气显得有些不足，但谈到兴头处，尤其是提及勤行那些往事，就有说不完的话，而且声调渐高，精气神倍儿足。他的记忆力超群，“八大楼”“八大堂”的人和事，佳肴盛馔，烹饪技巧……娓娓道来，精彩处仿佛在说书。

如今，他就这样与我们悄然告别，怎能不令人心痛！

我与王老的交往，全因《中国烹饪》杂志，掐指一算，已逾十载。那时，王老经常在“荣华富贵班”为徒弟们培训烹饪技艺，听过几次课、有过几次采访后，编辑们便萌生请王老为杂志撰写专栏的想法。这位业界大家很爽快地答应了。就这样，从2013年年初开始，王老将老北京勤行的那些人、那些事用笔来讲述，一写就是 5 个年头。虽隔着时空的尘埃，但仿佛仍历历在目，尤其他记述的那些在当下社会并不常见的食物、烹饪技艺，更是让人心生感慨。后来，我们又与王老一拍即合——遴选杂志中的专栏文章结集出版。呈现在读者眼前的这本《勤行旧事》就这样诞生了。

而我第一次真正与王老“面对面”，还是在几年前杂志社主办的一次活动上。作为特邀嘉宾，王老西装笔挺地坐在富华斋饽饽铺里，分享勤行规矩与往事，当然还有他钟爱的满汉饽饽。别看已是八旬老人，但他引经据典、出口成章，绘声绘色地为我们一一道来。接触多了，发现他还是位非常爱“玩”的老人，涉猎极广，对吹拉弹唱、室内装饰、家具陈设、茶道、瓷器收藏等都有很深入的研究，甚至还写过剧本、研制过化妆品等。

这些年，我们不仅对王老及其徒弟有过多次采访与报道，而且还会相约一聚。与王老一起喝茶、吃饭、聊天，那既是一种品鉴享受，更是难得的学习机会。有来有往间，王老与杂志社已然结下了忘年之交。

我曾有幸与王老一道参加了以满汉全席为主题的节目录制。那次拍摄，这位八旬的老人很辛苦，要提前把 108 道菜品及相应的宴席礼仪、室内陈设等都规划好。在各种忙碌之余，他还不忘叮嘱我们：要尽觞赋诗啊。这种唱和一下子让我们穿越到古人在宴席间斗诗的情景中，王老的怡情别趣由此可见一斑。

王老也很“挑剔”。记得有一年中秋节前，请王老当顾问的一家餐馆呈上了几种特制月饼，其中一盘“自来红”，在场众人品尝后都觉得不错，但王老却说不好，并直言：“‘自来红’的颜色浅了，容易与‘自来白’相混。”他对美食的色、香、味、形等都很“挑剔”，对餐厅的室内装饰也会时不时地“挑刺儿”，仿古灯放在哪儿更合适、座椅采用什么样式为好、哪里需要挂张画、这里又该陈设什么样的瓷器……这些“挑剔”与王老的博学和讲究分不开，因为他既懂行也深入研究过，才会“挑”得让人心服口服。

说了这么多，王老到底是谁？究竟是怎样的人？其实这幅人物画像恐难以用几个词或一两句话来概括。作为一位对吃极有研究的人，而且还是两位在当今餐饮界颇有影响力的烹饪大师的师父，王老却非厨行中人。其本职工作是一位深耕于古建筑科研与教学方面的专家，更是北京市优秀教师、全国五一劳动奖章、全国劳动模范获得者……一众荣誉足见王老对社会的贡献。从建筑科研教学跨界到饮食行业，除了御厨世家的耳濡目染外，他把自己的所看、所吃、所学，无私地在传统烹饪与现代饮食间搭建了一座可以穿越时空的桥梁。

如今，王老与我们渐行渐远。但这位既有智者形象又有长者风范的老人，用味道让我们记住了一座城。

最后，我还想说一两句与“后记”有关的内容。要感谢王希富先生及其家人、徒弟们对中国烹饪杂志社的信任，把这样一部书稿交给我们来做相应的编辑工作。

结集出版并不是件容易的事，由于水平能力所限，这本书在编校过程中难免有疏漏与不足之处，请读者、专家指正。

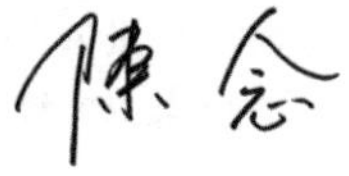

中国烹饪杂志社社长

2023 年 10 月底

图书在版编目（CIP）数据

勤行旧事：御厨世家传人拾零 / 王希富著；中国烹饪杂志社编 .-- 北京：中国商业出版社，2023.10
ISBN 978-7-5208-2696-9

I. ①勤… II. ①王… ②中… III. ①饮食－文化史－中国 IV. ① TS971.202

中国国家版本馆 CIP 数据核字（2023）第 213350 号

责任编辑：滕 耘

中国商业出版社出版发行
（www.zgsycb.com 100053 **北京广安门内报国寺 1 号**）
总编室：010-63180647 **编辑室：**010-83118925
发行部：010-83120835/8286
新华书店经销
北京华联印刷有限公司印刷
*
889 **毫米** ×1194 **毫米** 32 **开** 9.5 **印张** 200 **千字**
2023 **年** 10 **月第** 1 **版** 2023 **年** 10 **月第** 1 **次印刷**
定价：128.00 **元**
* * * *
（如有印装质量问题可更换）